国防科技大学建校70周年系列著作

NATIONAL UNIVERSITY OF DEFENSE TECHNOLOGY

美军联合电磁频谱作战研究

王梦麟 孟凡松 编著

国防科技大学出版社

·长沙·

图书在版编目（CIP）数据

美军联合电磁频谱作战研究/王梦麟，孟凡松编著. —长沙：国防科技大学出版社，2023.9（2024.6 重印）
　　ISBN 978 – 7 – 5673 – 0620 – 2

　　Ⅰ.①美… Ⅱ.①王… ②孟… Ⅲ.①联合作战—电子战—研究—美国 Ⅳ.①E919

中国国家版本馆 CIP 数据核字（2023）第 166788 号

美军联合电磁频谱作战研究
MEIJUN LIANHE DIANCI PINPU ZUOZHAN YANJIU
王梦麟　孟凡松　编著

责任编辑：吉志发
责任校对：王　康

出版发行：国防科技大学出版社		地　　址：长沙市开福区德雅路 109 号
邮政编码：410073		电　　话：(0731) 87028022
印　　制：长沙市精宏印务有限公司		开　　本：710×1000　1/16
印　　张：12.25		字　　数：188 千字
版　　次：2023 年 9 月第 1 版		印　　次：2024 年 6 月第 2 次
书　　号：ISBN 978 – 7 – 5673 – 0620 – 2			
定　　价：86.00 元			

版权所有　侵权必究
告读者：如发现本书有印装质量问题，请与出版社联系。
网址：https://www.nudt.edu.cn/press/

总序
PREFACE

　　国防科技大学从1953年创办的著名"哈军工"一路走来，到今年正好建校70周年。今年也是习主席亲临学校视察10周年。

　　七十载栉风沐雨，学校初心如炬、使命如磐，始终以强军兴国为己任，奋战在国防和军队现代化建设最前沿，引领我国军事高等教育和国防科技创新发展。坚持为党育人、为国育才、为军铸将，形成了"以工为主、理工军管文结合、加强基础、落实到工"的综合性学科专业体系，培养了一大批高素质新型军事人才。坚持勇攀高峰、攻坚克难、自主创新，突破了一系列关键核心技术，取得了以天河、北斗、高超、激光等为代表的一大批自主创新成果。

　　新时代的十年间，学校更是踔厉奋发、勇毅前行，不负党中央、中央军委和习主席的亲切关怀和殷切期盼，当好新型军事人才培养的领头骨干、高水平科技自立自强的战略力量、国防和军队现代化建设的改革先锋。

值此之年，学校以"为军向战、奋进一流"为主题，策划举办一系列具有时代特征、军校特色的学术活动。为提升学术品位、扩大学术影响，我们面向全校科技人员征集遴选了一批优秀学术著作，拟以"国防科技大学迎接建校70周年系列学术著作"名义出版。该系列著作成果来源于国防自主创新一线，是紧跟世界军事科技发展潮流取得的原创性、引领性成果，充分体现了学校应用引导的基础研究与基础支撑的技术创新相结合的科研学术特色，希望能为传播先进文化、推动科技创新、促进合作交流提供支撑和贡献力量。

在此，我代表全校师生衷心感谢社会各界人士对学校建设发展的大力支持！期待在世界一流高等教育院校奋斗路上，有您一如既往的关心和帮助！期待在国防和军队现代化建设征程中，与您携手同行、共赴未来！

国防科技大学校长

2023年6月26日

前言
FOREWORD

近年来，随着电磁频谱领域在现代战争中的作用不断凸显且竞争日益激烈，为夺取并保持电磁频谱优势，从而掌控联合作战主导权，美军已将电磁频谱领域作为陆、海、空、天、网之外的第六作战域，正式提出了联合电磁频谱作战概念，并着手推进联合电磁频谱作战体系的建设。美军的这一新型作战概念，必然成为美军研究领域的又一热点。但从总体上看，现有的研究成果仍多集中于概念认识或动态综述方面，在一定程度上呈现出碎片化、片面化的特点。为此，国防科技大学信息通信学院专门抽组骨干力量，历时近两年时间，编写完成了《美军联合电磁频谱作战研究》一书。本书期望在搭建一个相对完整的理论研究框架的基础上，对美军联合电磁频谱作战能力建设现状、特点及发展趋势进行更为全面、系统和深入的分析凝练，力图为推进美军联合电磁频谱作战体系化研究做一些基础性工作，以期为我军准确研判美军电磁频谱作战影响与威胁，探寻相应对策措施提供重要依据，并为加强我军电磁频谱作战能力创新发展提供借鉴参考。

本书共包括八章。第一章主要概述了美军联合电磁频谱作战的相关概念、产生背景、发展沿革，以及地位作用；第二章总结归纳了美军联合电磁频谱作战中的侦察、管理、攻击和防护等四种主要行动样式；第三章从战区、军种、联合和多国部队等四个层面，分别介绍了美军联合电磁频谱作战相应的组织机制；第四章详细阐述了美军联合电磁频谱作战计划主要内容和工作流程，以及作战进程中内部、国际及与相关机构的协调方法；第五章分析了美军联合电磁频谱作战实施过程中的重要工作环节和作战评估的要求及结果应用；第六章主要介绍了美军典型的联合电磁频谱作战侦察、攻击、防御和管理系统与装备；第七章深入研究分析了美军联合电磁频谱作战中侦、攻、防行动的战法及电磁频谱管理做法；第八章从战法理论、组织体制、行动样式、技术开发和装备转型等五个方面，对美军联合电磁频谱作战发展趋势进行了预判。此外，为方便读者对照查阅相关术语，本书还以附录形式，对书中出现的英语缩略语进行了中文注释。

本书由王梦麟、孟凡松担任主编，刘乾、吴帆、李方胜担任副主编，宋晶、陈俊、赵欣、刘晶、程云、郑可、卢晓刚、张娜等参与编写。尽管我们在编写过程中如履薄冰，时刻保持严谨认真的态度对待这项工作，但囿于自身能力水平，书中还是难免存在错讹和疏漏之处，敬请广大读者在阅读过程中，随时反馈给我们，并给予指导和帮助，以便我们及时更正和完善。

编　者

2023 年 1 月

目 录 Contents

第一章　美军联合电磁频谱作战概述 ……………………………… 1
　　一、基本概念 ………………………………………………… 1
　　二、产生背景 ………………………………………………… 9
　　三、发展沿革 ………………………………………………… 16
　　四、地位作用 ………………………………………………… 23

第二章　美军联合电磁频谱作战主要行动样式 …………………… 28
　　一、侦察行动 ………………………………………………… 29
　　二、管理行动 ………………………………………………… 33
　　三、攻击行动 ………………………………………………… 36
　　四、防护行动 ………………………………………………… 38

第三章　美军联合电磁频谱作战组织机构及职能 ………………… 40
　　一、战区组织机构及职能 …………………………………… 40
　　二、军种组织机构及职能 …………………………………… 49
　　三、支援机构及职能 ………………………………………… 54

四、多国部队组织机构及职能 ·················· 63

第四章　美军联合电磁频谱作战计划与协调　65

一、作战计划 ·································· 65
二、内部协调 ·································· 80
三、国际协调 ·································· 87
四、与其他机构的协调 ·························· 92

第五章　美军联合电磁频谱作战实施与评估　94

一、作战实施 ·································· 94
二、作战评估 ·································· 98

第六章　美军联合电磁频谱作战典型系统与装备　100

一、侦察系统与装备 ··························· 100
二、攻击系统与装备 ··························· 110
三、防御系统与装备 ··························· 119
四、频管系统与装备 ··························· 129

第七章　美军联合电磁频谱作战主要战法　142

一、基于无源与有源手段相结合的隐蔽侦察 ······· 142
二、基于小型化无人平台的主动攻击 ············· 146
三、基于主动防护措施的综合防御 ··············· 149
四、基于资源高效使用的频谱管理 ··············· 152

第八章　美军联合电磁频谱作战发展趋势

一、持续推进理论创新研究 ····················· 156

二、逐步完善组织体制建设 ·············· 158
三、大力加强行动样式创新 ·············· 160
四、不断探索技术开发应用 ·············· 164
五、加速推进装备转型研发 ·············· 168

附　录　缩略语中英文对照 ·············· 171

参考文献 ·············· 179

第一章

美军联合电磁频谱作战概述

随着电磁频谱在现代战争中的作用不断凸显，为继续保持在该领域的掌控能力和决定性优势，美军近年来确立了"将电磁频谱领域作为第六大作战空间"的建设构想，并已进入具体落实阶段。2020年5月，美国参谋长联席会议（简称参联会）正式颁布了联合条令JP 3-85《联合电磁频谱作战》，标志着美军正式将联合电磁频谱作战作为一种全新的作战样式，推向战争舞台。研究美军联合电磁频谱作战，必须首先深刻认识其产生背景、发展沿革，准确把握其概念定义及地位作用，为针对性分析其能力建设与作战运用奠定理论基础。

一、基本概念

概念是理论的逻辑起点和落脚点，作战概念是作战理论体系的基础支撑。华罗庚指出："一个概念的引入，节省无数次的思考。"要研究美军联合电磁频谱作战，就必须首先准确理解美军对联合电磁频谱作战及其相关概念的定义及内涵的阐述。

(一) 联合电磁频谱作战基础概念

作为战争形态、电子信息技术和频谱应用不断发展的产物，联合电磁频谱作战仍是当前军事斗争领域的一个新概念，尚处于研究、探索和发展阶段。近年来，美军为加强联合电磁频谱作战概念的推广，非常注重对联合电磁频谱作战的基础概念进行解释和阐述，并在相关条令和《国防部军事及相关术语词典》等权威文献中进行了明确，为联合电磁频谱作战概念的定义及内涵的阐述提供了坚实的理论起点。

1. 电磁频谱

从理论上讲，电磁频谱是一种特殊的自然资源，即电磁辐射的所有频率波段。电磁辐射由频率和波长不同的电磁波构成，在空间中普遍存在。根据物理特性的不同，电磁频谱通常被划分成不同波段类型，包括无线电波、红外线、可见光、紫外线、X射线和γ射线（如图1-1所示）。

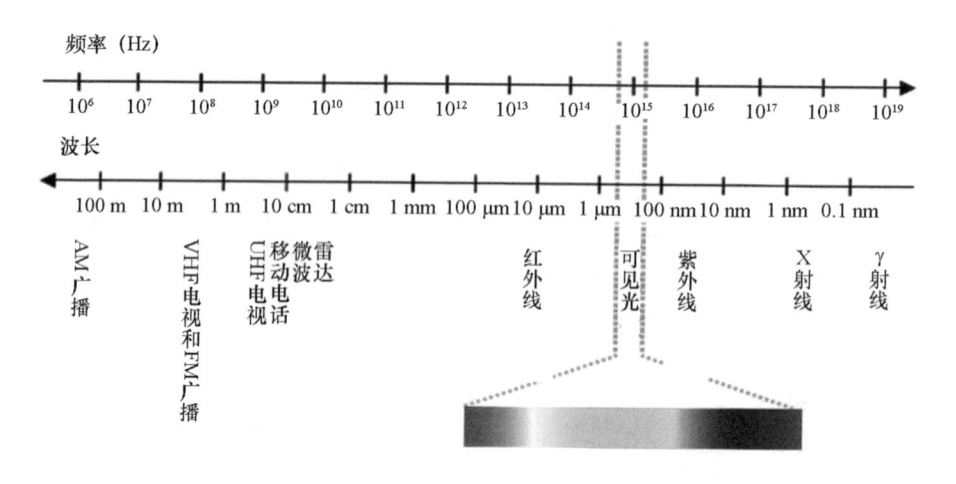

图1-1 电磁频谱

一般意义上，国际电信联盟规划的可以利用的电磁频谱范围为10 kHz～400 GHz，但受自身物理特性、相关法律政策和技术的限制，只有部分电磁频谱资源可供人类开发和使用。电磁频谱作为物理环境的一种，具有空间域、时间域、频率域三域分割的特性，自然和人为因素也可以对经由电磁频谱实

第一章 美军联合电磁频谱作战概述

施的行动产生影响。当多种用频武器装备密集部署时，电磁波在空域上纵横交错，在时域上动态变化，在频域上密集交错，三域重叠问题就很难避免，容易导致用频装备电磁通道"撞车打架"，产生自扰、互扰，但三域中只要有一域区分好，用频武器装备之间就不会相互干扰。

电磁频谱普遍存在于所有的作战领域，对其他领域起着渗透和关联的作用。在军事领域，电磁频谱具有三种功能：一是载体功能，形形色色的信息通过它由一处迅速传向四面八方，如无线电通信、光纤通信；二是感知功能，如雷达、可见光照相以及红外线夜视功能都是感知敌情的重要手段；三是武器功能，如高能激光、高功率微波束武器，就是利用一定频段电磁波所携带的能量破坏地方电子与广电设备乃至杀伤人员的武器。正是由于具备如此重要的特性和功能，电磁频谱才成为未来战争交战双方竭力争夺的焦点。

2. 电磁频谱优势

美军《21世纪的电子战》报告曾指出："国家必须拥有电磁频谱优势以确保己方在所有领域内的行动自由，并抑制敌对方的行动自由。"根据美军条令的定义，电磁频谱优势是指在既定战场时空背景且没有不可抗拒因素的干扰情况下，军事行动中己方部队主导电磁频谱、组织地方获取相应能力的程度。换句话说，美军设想的电磁频谱优势就是允许美军利用电磁频谱自由地实施侦察、防护、管理和攻击等行动的同时，不给己方部队带来任何伤害。

美军认为，电磁频谱控制及获取电磁频谱优势将是取得未来作战优势的关键要素之一。电磁频谱优势可以确保武器系统的打击精度和作战指挥的顺畅实施，是在所有其他作战领域之内夺取作战优势的倍增器，在同等条件下应先夺取电磁频谱优势，确保其联合部队能够在电磁频谱域进行作战。

3. 电磁作战环境

作战部队、系统或平台在其预定的作战环境（OE）遂行作战任务时，会面临自然和人为的，在时、空、频、能物理域有所反应的电磁辐射或照射结果，美军将其总和称为电磁环境（EME）。但并非所有的电磁辐射都会对作战产生影响，影响军事力量运用和指挥官决策的电磁条件、电磁环境和电磁影响构成电磁作战环境（EMOE）。电磁环境和电磁作战环境之间的关系如图 h1-2所示。

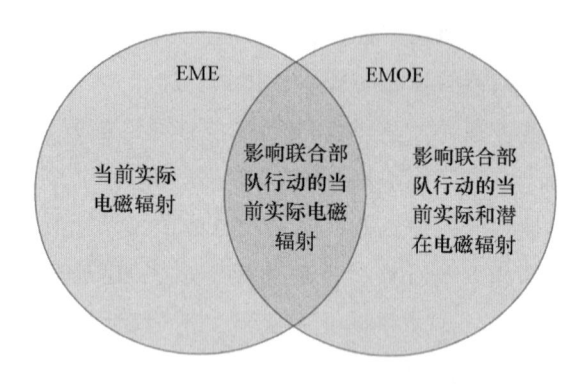

图 1-2 电磁环境与电磁作战环境的关系

如图1-3所示，根据美军联合条令JP 3-85《联合电磁频谱作战》的定义，电磁作战环境是在特定作战地域、电磁影响作用范围内的电磁辐射背景，以及己方部队、中立部队和敌方部队的电磁战斗序列（EOB），即对力量运用和指挥员决策构成影响的电磁条件、环境和因素的复杂集合。其中，电磁战斗序列则是指军事力量在电磁领域的构成人员、装备和作战单位的配置、规

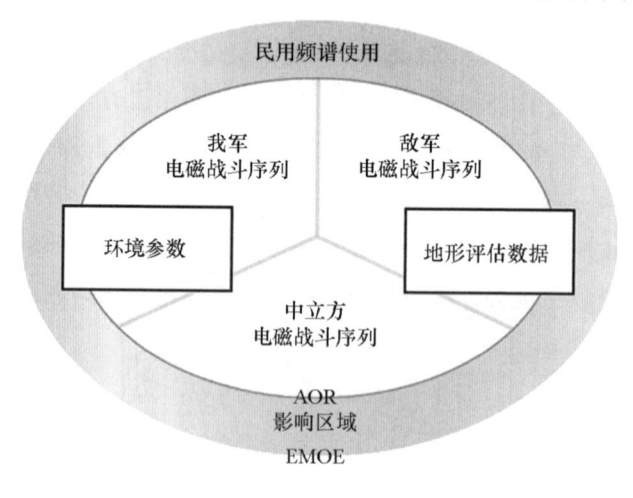

图 1-3 电磁作战环境构成

第一章
美军联合电磁频谱作战概述

模、指挥结构及标识。

电磁作战环境不仅包括当前正在产生电磁辐射的系统,还包括可能会产生电磁辐射并影响联合作战的其他系统。比如在电磁战斗序列中,经由其他手段判定存在但未发现其在辐射电磁波的系统。在电磁作战环境中取胜常常是在其他作战环境中取胜的前提。有时,仅仅依靠在电磁作战环境中取胜就能达成预期效果。电磁作战环境会对作战部队、装备、系统和平台的作战能力产生一定影响,这些影响统称为电磁环境效应(E3)。所有在电磁频谱内运行的系统都易受到电磁环境效应的影响。

(二)联合电磁频谱作战定义及内涵

联合电磁频谱作战(JEMSO)是美军将电磁的定位从"媒介"转化为"作战域",对有效控制电磁频谱、夺取电磁频谱控制权的一种前瞻性战略考量,集中体现了电磁频谱优势在军事中的重要性。根据美国《国防部军事及相关术语词典》和 JP 3-85《联合电磁频谱作战》的定义,联合电磁频谱作战是指两个或两个以上军种共同实施的旨在利用、进攻、防护和管理电磁作战环境的军事行动。联合电磁频谱作战的指导原则和行动过程,就是对所有军事行动进行优先排序、综合集成、协调同步,最终消除冲突,增强行动的统一性。它以电子战(EW)和电磁频谱管理为基础(如图1-4所示),重点是整合优化电磁频谱相关行动,合理利用频谱资源,在电磁作战环境中夺取"制电磁频谱权"。

为保障实现指挥官的作战意图,美军联合电磁频谱作战通常采取进攻性和防御性两类行动。进攻性联合电磁频谱作战是指联合部队在电磁频谱领域内,通过使用电磁频谱向外发射能量的行为。防御性联合电磁频谱作战是指在电磁频谱领域内,通过使用电磁频谱,保护美国和多国部队(MNF)免遭物理攻击,或者保护友军的电磁频谱相关能力免遭地方电子进攻(EA)的行为。防御性联合电磁频谱作战就是对未经授权的活动或告警/威胁信息做出响应,根据作战需要平衡情报、反情报、法律执行以及其他相关军事能力。防御性联合电磁频谱作战主要使用分层次、自适应、深度防御的行动方法,同

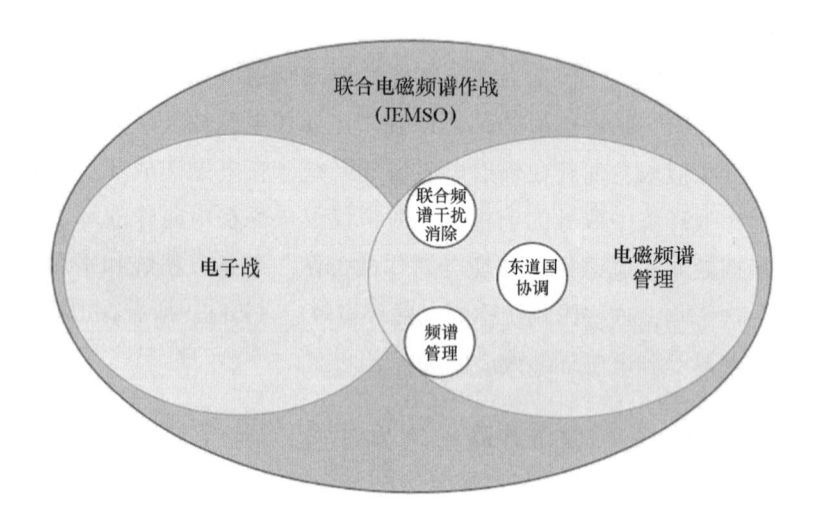

图 1-4 联合电磁频谱作战的内涵

时还包括辐射控制（EMCON）以及数字化、物理化防御等共同保障要素。

从美军条令的定义中可以看出，联合电磁频谱作战是美军在电磁频谱领域内进行的，以夺取电磁频谱优势为目的的军种联合行动，其定义可以从以下四个方面来理解。一是"联合"属性，即联合电磁频谱作战是由两个或两个以上军种联合部队共同实施的军事行动，是联合作战在电磁空间或电磁频谱域的表现形式，并广泛渗透于陆、海、空、天、网络空间等其他作战领域。二是构成要素，即联合电磁频谱作战不仅包括电子战和电磁频谱管理这两个主体要素，还包括信号情报、指挥控制、导航战等行动中的所有电磁发射和接收活动。三是行动方式，即联合电磁频谱作战是通过利用、进攻、防护和管理电磁作战环境，对所有电磁频谱行动进行排序、集成、同步和消除冲突，包含进攻性和防御性两类行动。四是目标任务，即联合电磁频谱作战以赢得战场电磁频谱优势为目标，使联合部队各作战域作战能力形成合力，实现指挥官意图和目标。

（三）联合电磁频谱作战相关概念辨析

近年来，除美国国防部提出的联合电磁频谱作战的概念外，与之相关的还有电磁频谱战、电磁频谱作战、网络空间作战等概念。这些概念均与电磁频谱密切相关,但在作用范围、实施方式和侧重点等方面存在明显区别,目前国内对这些概念的翻译和认识也不尽统一,现对其进行简要阐述。

1. **电磁频谱战**

电磁频谱战,即"Electromagnetic Spectrum Warfare(EMSW)",最初是2009年由美国战略司令部提出的一个作战概念。美军《电磁频谱战构想》中指出,电磁频谱战的目的是为美军在电磁频谱域及电磁频谱环境中控制和使用电磁能提供优势,包括使用电磁辐射能以控制电磁作战环境,保护己方人员、设施、设备以及攻击敌方各种行动的任务领域,由电磁频谱攻击、电磁频谱利用、电磁频谱防护组成。该构想认为,电磁频谱战应将电磁频谱域作为一个统一参考框架进行考虑,因此在电子战的基础上增加了电磁频谱管理、电磁战斗控制等许多与电磁频谱相关的任务和功能,其主要内容与联合电磁频谱作战相似。此后,美国军民各界纷纷对电磁频谱战展开了研究,其成果有美国战略与预算评估中心的《决胜电磁波——重塑美国在电磁频谱领域的优势地位》《决胜灰色地带——运用电磁战重获局势掌控优势》等,但均未给出电磁频谱战的准确定义。

结合相关研究报告的表述和文件内容来看,电磁频谱战的概念更为宽泛,涉及装备建设、技术发展、创新战法、理论研究等多方面内容;而联合电磁频谱作战更侧重于有效达成战场电磁频谱优势的一体化同步行动方式,即规范联合电磁频谱作战的组织、计划、实施和评估的流程和方法,着重解决作战中的协调、协同问题,这一概念的形成可以说是美军在电磁频谱领域作战规划和组织实施进入实质性阶段的标志。

2. **电磁频谱作战**

电磁频谱作战,即"Electromagnetic Spectrum Operations(EMSO)",是美国陆军提出的概念,最早来源于美国陆军训练与条令司令部于2007年11月28日发布的《面向未来模块化部队(2015—2024)的美国陆军电磁频谱作战概念能力计划》。该文件指出,电磁频谱作战能使依赖无线电连接的电子系统在既定环境中发挥效能,且不会导致或遭受不可接受的频率干扰。电磁频谱作战包括频谱管理、频率指配、政策实施和东道国协调，目的是促进作战行动中电磁频谱的高效利用。可见，该文件中电磁频谱作战的含义与美军电磁频谱管理的含义基本相同。2010年3月20日，美国陆军发布的战场手册《电磁频谱作战》（FM 6-02.70）中沿用了上述电磁频谱作战的定义。2014年2月12日，美国陆军发布战场手册《网络电磁行动》（FM 3-38），其中对电磁频谱作战的概念进行了扩展，指出电磁频谱作战包括电子战和频谱管理行动，它涉及所有以成功控制电磁频谱为目标的军事行动。

可见，美国陆军对电磁频谱作战的定义经历了一个调整扩展的过程，目前其概念内含已与美国国防部联合电磁频谱作战的含义相一致，区别在于，前者主要服务于陆军军种作战，后者主要服务于联合作战。陆军电磁频谱作战是联合电磁频谱作战的组成部分。

3. 网络空间作战

网络空间作战，即"Cyberspace Operations（CO）"。网络空间作战与联合电磁频谱作战是实施于不同领域内的军事活动，两者密切相关但不存在包含关系。其关联性在于，网络空间作战和联合电磁频谱作战都以电磁频谱为媒介，并需要依靠或针对相应的电子系统来实施。但电磁频谱作战作用于电磁频谱域，它是同陆、海、空、天等领域一样，自然存在的物理域；而网络空间作战作用于"人造"的网络空间。这两个域是相互交叉但并不包含的关系。工作在电磁频谱域中的任何电子系统，可以在不联网的情况下相互作用，其关注重点是一切领域内产生物理、信息和认知作用的电磁能量的使用；而网络空间的物理基础是网络化的电子系统，尽管有众多用频系统并涉及部分电磁频谱域，但关注重点在于信息技术和在信息环境起作用的相关基础设施的使用。

美军认为，许多网络空间作战行动要借助于电磁频谱实施，尤其是在战术层面，要求其必须依据电磁频谱作战管理程序与联合电磁频谱作战协同，以促进网络空间攻击目标达成，反之亦然。两者联合使用时，联合电磁频谱作战主要用于向某一系统发射自主或交互式实施的网络空间作战载荷。

4. 电磁机动战

电磁机动战，即"Electromagnetic Maneuver Warfare（EMW）"，2013年由美国海军提出并成为重要的海上作战构想之一。电磁机动战作为美国海军的一种作战概念，是美国海军支持联合电磁频谱作战的基本构想和行动样式，主要目的是赢得电磁频谱中的决策优势，确保美国海军在所有任务领域拥有行动自由。

电磁机动战的基本原则是获得在电磁作战环境中的机动自由以及对变化环境的适应速度，做到先敌发现，从而在最有利的位置进行交战，以保持己方的信息优势。电磁机动战包括信号情报、电子攻击、网络空间行动、保密通信和网络化武器的研发等众多领域，通过增强己方战斗空间感知和理解能力、电磁频谱运用能力和采取辐射控制措施，实现电磁频谱域中的作战行动与陆、海、空、天、网络空间中的作战行动相同步，提高海军针对反介入/区域拒止威胁的机动和火力集成能力。

可见，电磁机动战与联合电磁频谱作战都是面向电磁频谱域的作战方式，目的同为赢得频谱优势和决策优势，但两者也存在区别：一是电磁机动战着重强调通过提高在电磁作战环境中的敏捷性，做到先敌发现和交战，本质上是对传统电子战的扩展和延伸；而联合电磁频谱作战的内涵不仅包含电子战内容，还包含针对己方部队甚至多国部队频谱使用的管理内容，是对电磁作战环境的整体运筹和行动方式。二是电磁机动战主要面向海军作战行动，而联合电磁频谱作战面向多个军种联合作战。

二、产生背景

《美国国家军事战略》指出："联合部队必须确保介入、自由机动以及通过各种域在全球投放兵力的能力。"为此，美军认为，电磁频谱作为一种与陆、海、空、天、网络空间等领域并存的物理域，军事力量应同样具备在该域中进行机动的能力，从而获得战术、战役及战略优势。但电磁频谱又超越上述所有域，美军所有联合功能，包括指挥控制、情报、火力、转移机动、保障、防护和信息功能均利用且依赖电磁频谱的系统能力。显然，电磁频谱已成为横跨多个作战域、贯穿战争始终的作战空间，表现出与多种因素、军事能力和军事行动的强关联、强耦合性。电磁频谱的利用与控制已成为现代战争的核心能力要素。因此，美国国防部需要通过实施联合电磁频谱作战（JEMSO）获取并控制电磁频谱资源。

（一）电磁频谱领域战略环境深刻变化的内在驱动

美军作为世界上信息化程度最高的军队，历来强调其在电磁频谱领域的优势地位。但冷战结束后，由于长期缺乏能力相当的对手，美国国防部一度对开发新能力以保持其在未来电磁频谱域中的作战优势不够重视，而其他国家利用全球技术快速发展的契机，在电磁频谱作战各方面实现了跨越式发展。近年来，美军逐步意识到这一问题，认为当前美国电磁频谱领域的战略环境正发生深刻变化，在该领域开展的军事行动必将面临越来越多的限制（如图1-5所示）。

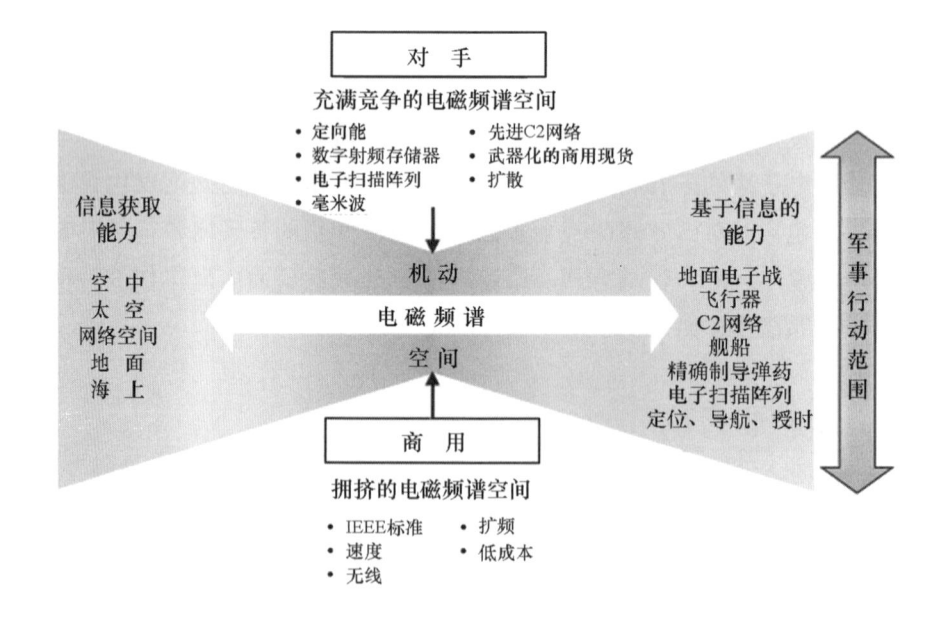

图1-5 军事行动面临的电磁频谱限制

一是电磁频谱对抗更加激烈。美军认为，俄罗斯、伊朗等主要作战对手

第一章
美军联合电磁频谱作战概述

积极发展电子干扰、电磁脉冲、高功率微波、激光等新型电磁攻击武器,先进指挥控制系统、简易爆炸装置等军事技术和信息化武器在全球快速扩散,使美军面临的电磁威胁不断加剧。如俄军针对美军战场传感器和通信网络方面的弱点,加大训练和装备投资,提高与美国对抗的能力,在叙利亚和乌克兰冲突中展现了"难以想象"的电子战能力。美军认为其在电磁频谱领域曾经的优势正在消失,而随着其他国家电磁频谱技术的快速发展和进步,美军军事安全面临严重威胁。

二是频谱资源需求急剧增加。在信息化战争中,大批高性能信息化武器装备投入使用以及各级作战部队对更多更快信息的需求,均促使美国国防部频谱需求不断增长。如随着单兵对态势感知信息需求的增加,需要部署更多的用频网络作为传输平台;F-35、无人机等先进军事信息系统的复杂度和性能的提升,也需要依靠越来越多的频谱资源提供支撑。同时,要对付作战对手的指挥、控制、通信、计算机、情报、监视、侦察(C^4ISR)系统、简易爆炸装置以及远程打击武器系统,都需要频谱接入能力,用于发展、部署和集成复杂的电子战进攻、支援和防护技术。

三是频谱使用环境更为拥挤。移动通信、扩频通信、超宽带等民用无线电系统快速发展,以及大量新的电子技术标准和无线电规则的出台,对美国国防频谱资源使用构成严重挤压。同时,美国政府实施的频谱调整计划和拍卖措施等,使得美国国防部正在失去越来越多的专用频谱,军事系统的用频环境正变得越来越拥挤。据统计,在 0～300 GHz 频段内,美国国防部的专用频谱仅占该频段总量的 1.5%。美军所使用的全部频谱中,有 93% 为军民共用。

因此,美军认为,电磁频谱日益加剧的对抗性和紧缺性,使其正逐渐失去"全频谱接入"能力,极大限制了部队在电磁空间的军事行动能力。美军意识到,要确保用频系统在预定的作战环境中发挥效能,有效支撑联合作战指挥控制、情报、火力、转移机动、防护和保障,就必须加强对电磁频谱领域的顶层设计,提升电磁频谱管理与控制在联合作战中的地位,加快电磁作战环境中作战理念和方式的变革。

（二）新型电磁频谱技术迅猛发展的直接催化

美军是一支技术型军队，技术创新是美军发展变革的根本推动力。近年来，美国国防部将加快推进电磁频谱领域技术创新作为"第三次抵消战略"的重要内容，全方位布局研究具有颠覆性的新兴技术和系统，着重从电磁频谱基础技术、电磁频谱作战技术和电磁频谱管理技术三个方面，推动联合电磁频谱作战转型升级，为夺取电磁频谱优势提供技术支持。

电磁频谱基础技术方面，在美国国防高级研究计划局（DARPA）等机构组织下，认知无线电低能耗信号分析传感器集成电路技术、射频 – 现场可编程门阵列技术、商业时标阵列技术、芯片间/芯片内增强冷却技术和相干太赫兹处理技术等取得突破性进展，新材料、工具和更快的芯片、更灵巧和更敏捷移动网络的研发，可为武器系统研发提供基础技术支持。

电磁频谱作战技术方面，频谱效率更高、更灵活和适应性更强的用频系统不断发展。DARPA 领导的"自适应雷达对抗"和"行为学习自适应电子战"项目，综合采用软件无线电、机器学习、行为建模等技术，研制智能化情报平台、自适应雷达等认知电子战系统。美国海军研究办公室组织开展"集成桅杆创新型舰载原理样机"项目和"电磁机动战指控（EMC2）"项目，实现从短波到 Q 波段范围内天线孔径共享，避免频率互扰和频率冲突，提高射频频谱敏捷性，可为海军"电磁机动战（EMW）"等作战概念提供支持。美国空军实验室组织开展"频谱战评价和评估技术工程研究"和"先进频谱战环境研究"项目，可为电磁频谱战的实施提供技术支持。

电磁频谱管理技术方面，复杂电磁态势感知、基于政策的用频系统参数控制以及有害干扰识别、预测和消除技术不断发展。美国国防高级研究计划局的"先进射频测绘系统（RadioMap）"项目可将战场上已经部署的无线电台与射频对抗系统综合在一起，为美国海军陆战队提供实时的射频频谱态势感知信息（包括频率、位置和时间）。美国国防信息系统局组织研制的全球电磁频谱信息系统（GEMSIS），可促进频谱作战由预先计划、静态频率指配向动态频率、即时响应和敏捷能力转变，支撑美军形成认知、自同步频谱运用模式，实现随时随地按需频谱的接入。

（三）应对反介入/区域拒止威胁的现实需要

美军认为，俄罗斯、伊朗等国家能够使用岸基传感器和通信网络、防空导弹、巡航导弹和弹道导弹对美军的舰船、飞机和其他兵力投送力量实施远程打击，美国国防部将其称为反介入/区域拒止（A2/AD）威胁。美军必须寻求有效应对反介入/区域拒止威胁的方式，确保远距离兵力投送安全，才能为盟军和伙伴国提供保护。

反介入/区域拒止威胁随着这些国家武器精度、射程和数量的提升而提高。而这些国家往往将反介入/区域拒止能力与低强度"灰色地带行动"手段相结合，对美军战略和规划构成了巨大挑战。

一是对手防空雷达性能持续提升，美军空中介入难度增加。近年来，中、俄电子科技和制造水平的不断发展，有效提升了两国防空雷达的性能，甚至催生了新型的无源雷达，能够远距离有效探测各类非隐身飞机，并能在近距离发现隐身飞机。比如，俄制 S-400 和 S-500 防空系统配备的雷达据称拥有 400 km 的探测距离，可以有效防止美军轰炸机近距离大量投放 GPS 制导的智能弹药，迫使美军及其盟友只能从更远的防区外发射昂贵且尺寸更大的远程武器。此外，无源雷达系统的出现进一步减弱了美军电子战对抗措施和反辐射导弹的攻击能力。

二是对手防空系统集成度不断提升，美军空海打击平台效能降低。美军认为，融合了多传感器和武器平台的综合防空系统也是美军及其盟友需要面对的严峻挑战。这类系统融合远程地空导弹、中近程防空武器和要地防御系统等众多平台，即使单枚防空导弹命中概率不高，但是由于短时间内发射的的导弹数量可能多达上百枚，其有效杀伤概率和拦截数量也得到很大提高。为此，美军必须采用更大规模的齐射，才能保证以较高概率摧毁受综合防空系统保护的目标，而这对载弹量有限的美军空中和海上打击平台造成很大压力。

三是对手的远程打击能力继续发展，美军基地及作战平台面临威胁。与传统武器利用视距雷达制导不同，弹道导弹和巡航导弹等远程武器利用卫星制导或惯性制导命中目标，因此发射平台不需要在发射前高速机动接近目标。同时，得益于发射平台和制导技术的发展，现代远程武器的打击精度和突防能力进一步提升。这对部署在对手周边的美军及其盟军空军基地造成了严重威胁，削弱了美军的打击能力。尽管通过转移基地，美国能够降低这种威胁，但距离和往返时间的增加将导致飞机出勤率下降，仍然制约了美国的空中进攻能力。同样，远程反舰巡航导弹的发展对美军的海上舰船也形成了有效阻吓，迫使处于反舰巡航导弹射程内的美军导弹驱逐舰削减打击武器数量，加大反导齐射储备，尽量提高防护水平。

如要对抗对手的"灰色地带行动"，美国就需要将部队部署在对手潜在目标附近，这就使其必然处于两国防空系统和打击武器的射程之内，美国昂贵的多任务舰船、飞机和战斗旅都将处于对手空中威胁和导弹威胁之下，美国无法承受在这些地区作战的巨大风险，面临两难境地。一是保障中国和俄罗斯攻击网络的大多数传感器和导弹发射器都部署在其本土内或太空中，攻击这些目标会造成事态升级，与最初引发冲突的"灰色地带行动"不相匹配；二是美军如果出于自卫采用大规模编队，其作战力量明显与"灰色地带行动"中的准军事或民间力量不相称，就会激起更大的对抗。可见，在灰色地带对峙期间，美国部队无法在对抗地区进行有效部署或行动，这不仅影响了美国及其盟国和伙伴国的安全，也为中国和俄罗斯迫使目标国妥协创造了机会。

为解决这一现实困境，美国国防部必须不断探索新的作战方案，为处于敌方传感器和武器网络作用范围内的美军力量提供防护，同时在避免事态升级的前提下，尽可能破坏或干扰这些网络。美军提出，可以通过联合电磁频谱作战对抗敌方传感器和武器，同时配合小型精确打击，降低对手传感器和武器网络的性能，提升在冲突地区作战的美军生存能力和弹性。联合电磁频谱作战向美军提供了一种在反介入/区域拒止威胁下削弱对手相应能力并掌控局势的手段。

（四）多样化创新思想理念频频涌现的必然结果

电磁频谱在军事领域的广泛运用及其不可或缺的战略地位，逐渐引发人

第一章 美军联合电磁频谱作战概述

们对作战空间的新思考。美军高层、军事智库围绕电磁频谱的地位、利用和控制等问题提出了众多新观点、新理念，影响并推动了美军联合电磁频谱作战概念的形成与发展。

一是"电磁频谱作战域"确立的催生。"电磁频谱成为一个新的作战域"的观点自提出以来就得到了美国国防部首席信息官等高层领导和"老乌鸦"协会等智库的支持，他们逐步认识到电磁频谱已经成为现代战争的一个核心作战空间，与陆、海、空、天和网络空间同等重要，应将电子战、信号情报、频谱管理和定位、导航与授时（PNT），以及其他与电磁频谱相关的领域集成为一个统一的电磁频谱体系。基于这一共识，美军后续出台了《电磁频谱战略》《电磁机动战》《电子战集成重编成》等一系列条令。2017 年 1 月，时任美国国防部长的阿什顿·卡特正式确立电磁频谱域作为独立作战域，这对电磁频谱作战概念、相关组织机构、技术与装备的发展产生了重大影响。

二是"电磁机动战"概念的牵引。"电磁机动战"由美国海军原作战部长乔纳森·格林纳特提出，它将传统的机动战理论应用到电磁频谱领域，通过控制频谱（频率、调制和波形）、空间（位置、方向和形状）、功率（幅度、相对增益和有效辐射功率）以及利用时间（实时和相对相位），分散己方的电磁薄弱点，依靠比敌方更快的电磁频谱运用速度和敏捷性，迅速适应并消除频谱冲突，隐蔽己方行动，挫败敌方行动。美国海军电磁机动战的实施促进了军种内部对电磁频谱领域内作战的认识和相关武器平台的建设，也为联合电磁频谱作战的行动方式提供了参考。

三是"电磁战斗管理"理念的推动。"电磁战斗管理"理念是美军战略司令部联合电子战中心在总结历次战争中电子战经验教训的基础上提出来的，其核心观点是，通过整合电磁频谱域中的情报收集、指挥控制、电子战和频谱管理行动，统一电磁频谱数据标准、架构和协议，同步陆、海、空、天和网络空间中所有电磁频谱相关行动，赢得对电磁频谱域的控制权和机动自由。这一理念是美军整合电磁频谱领域相关行动所关注的重点，目前也已成为联合电磁频谱作战理论的重要组成部分。

可见，"联合电磁频谱作战"是伴随美军战略环境、实战经验，以及理论、技术创新等因素的变化和发展所形成的新作战概念。尽管其理论体系尚处于发展完善过程中，但已经充分表明电磁频谱这一新兴作战领域在联合作战中的重要地位和作用，集中反映了美军争夺战场电磁频谱控制权的创新思路和前沿构想，将为美军未来开展联合作战提供重要的理论指导。

三、发展沿革

美军对联合电磁频谱作战的理论研究及其作战应用经历了一个漫长的发展过程。从20世纪70年代以来，美军电磁频谱作战大致经历了初步探索与实战应用、发展放缓与重新审视、能力重构与概念提出、体系完善与优势重塑等四个阶段。

（一）初步探索与实战应用阶段（20世纪70年代至21世纪初）

早在第二次世界大战（简称二战）期间，电子战就得到了一定程度的使用，但电磁频谱领域的地位、作用并未得到足够的认可。直到20世纪70年代初，在总结越南战争经验教训的基础上，时任参联会主席托马斯·穆尔指出，第三次世界大战的胜利者将是能高度控制和管理电磁频谱的一方。随后，电磁频谱领域能力的发展逐步得到了美军广泛的重视，大规模应用电磁频谱作战手段的序幕正式开启，电磁频谱领域能力成为联合作战不可或缺的组成部分。

一方面，美军高度重视电子战能力的发展和实战应用，逐步奠定了电子战能力的绝对优势。在1986年对利比亚实施的海空联合打击行动——"黄金峡谷"行动中，美军开创了"外科手术"作战新模式，即以电子战飞机为先导，首先压制干扰对方的防空系统，而后再出动海、空军飞机实施空中火力打击，充分发挥不同作战力量的优势，实现了功能互补、效能倍增。海湾战争中，美军等多国部队对伊拉克军队实施了大规模的电磁干扰，干扰范围几乎覆盖了从短波、微波到红外线、可见光等所有频段，最终，伊拉克在多国部队的电磁干扰和精确制导武器打击下，无线电通信中断、雷达迷失目标、

第一章
美军联合电磁频谱作战概述

武器装备性能难以正常发挥，其军队失去有效指挥，处处被动挨打。1999年的科索沃战争中，以美国为首的北约更是采取综合电子战行动，分别从高、中、低三个层次全面展开。电子战作为一种灵活、有效和自适应的军事手段，一直处于空袭的最前沿，成为战斗力的"倍增器"。而在2001年阿富汗战争中，美军重点提升了电子战飞机和通信干扰机的性能。从第一轮空袭开始，美军在利用精确制导武器对敌导弹设施、雷达、防空体系、指挥中心等重要目标进行硬摧毁的同时，充分利用部署在土耳其空军基地和海军航空母舰上的EA-6B电子战飞机，对敌空域进行强电磁定向干扰，用以压制、干扰塔利班武装有限的电磁辐射源。

另一方面，美军电磁频谱管理意识明显增强，不断加强电磁频谱管控能力，为确保美军掌控电磁频谱主动权发挥了关键作用。海湾战争伊始，美军电磁兼容分析中心便提供了多国部队用于频率指配的数据库、海湾地区电磁环境资料等，并专门抽调专家到一线，组成多国部队频谱管理机构，实施及时有效的频谱管理和无线电管制，有效避免了频谱使用冲突，确保了通信指挥、电子侦察、雷达导航等电子系统的协调运行，从而为多国部队制订作战计划、实施指挥控制和协同作战提供了可靠的保证。在伊拉克战争期间，美军更是凭借先进的战场电磁频谱管理方法和管理系统，每天处理数万个频率冲突，确保了美英联军不同体制电子设备相互兼容，使超过1.5万部电台构成的无线电网保持正常运作，始终保持高效的电磁频谱管理与使用，实现了战场单向信息透明，为最终赢得战争胜利奠定了坚实基础。

（二）发展放缓与重新审视阶段（伊拉克战争后至2011年）

伊拉克战争以后，美军在电磁频谱领域的发展步伐一度有所放缓。一方面，冷战结束后，美军认为电子战威胁已经消退，从而忽视了电子战的发展，即便是在"9·11"恐怖袭击事件后，美军也只是关注了阿富汗和伊拉克战场出现的电子战低技术威胁，对高端威胁重视不够。在上述作战行动中，美军主要作战对手电磁频谱能力较弱，其在电磁频谱领域面临的挑战并不明显，美军基本上都是在非对抗电磁频谱环境下作战，能够完全掌握战场电磁频谱优势。另一方面，随着信息技术的迅速发展，网络空间对于国家政治、军事、经济和社会生活的影响越来越大，美国已将网络空间提升至战略地位，而网络与恐怖活动的结合更使得网络空间的重要性与日俱增，美军适时将网络空间军事化推向高潮，建立了网络空间司令部，将网络空间视为第五作战域，扩大网络空间作战力量规模。这也在一定程度上削弱甚至掩盖了美军对电磁频谱的现实需求。但近年来，美军意识到其在电磁频谱领域的优势地位受到了挑战。美军甚至认为，其电磁频谱域发展的停滞为中国、俄罗斯等国家提供了针对其传感器和通信网络中的弱点进行装备研发、部署的机会，而自身在电磁频谱领域的优势开始消退。为此，美军重新认识到电磁频谱在未来军事行动中的重要地位，并提高对电磁频谱管理的重视，将其提升到了战略地位，认为电磁频谱管理象征着一个国家的主权，进而开始重新审视电磁频谱作战理论。

美国"老乌鸦"协会最早提出将电磁控制作为继电子干扰、电子防御、电子战支援之后的电子战概念又一组成部分。2009年，美国战略司令部推出了电磁频谱战早期概念，概念以电子战为基础，增加了电磁频谱管理、电磁频谱控制、电磁战斗控制等任务内容。自此，美军开始重新认识和定位电子战。美军电子战界提出电磁频谱战等新概念，表明美军现代作战的重心向电磁域转移，以制电磁权为战场制高点。美军对电子战认识的这一变化反映出其对电磁域以及电磁斗争的认识在不断深入，而且这种认识的变化正在催生作战方式的全新改变。2010年8月，美国战略司令部联合信息作战中心发布《夺取21世纪经济和安全优势：电磁频谱控制战略框架》报告。报告在"电磁频谱控制"这一新概念下，从电磁频谱域这一角度，按照统一的参考框架将电子战和电磁频谱管理更加全面地集成在一起。同年颁发的《电磁频谱联合作战构想》制定了一个中长期电磁频谱整体规划，阐述了如何构建一支联合频谱管理队伍，以期为21世纪美军提供充足的电磁频谱，使其在作战中取得全频谱优势。不仅如此，美军还提出了"21世纪频谱管理指导方针""国防部电磁频谱管理计划"，明确了美军对频谱资源的需求和美国国防部电磁频谱管理的目标。

第一章
美军联合电磁频谱作战概述

（三）能力重构与概念提出阶段（2012年至2015年）

经过重新审视，美军对电磁频谱作战之于现代战争的重要意义有了进一步的认识，并着手对电磁频谱作战理论进行深入探索。2012年3月，美军参联会颁布联合条令JP 6-01《联合电磁频谱管理行动》，首次提出并定义了联合电磁频谱作战概念。同年11月颁布的修订版联合条令JP 3-13《联合信息作战》中也使用了该术语，并收录进了2013年修订颁布的《国防部军事及相关术语词典》中。2014年2月20日，美国国防部发布《电磁频谱战略》报告，系统阐明了美军电磁频谱战略的发展动向、关注重点与主要策略，体现了美军在面临诸多威胁形势下维持电磁频谱领域优势地位的决心。2015年3月，参联会主席签署的《电磁频谱作战联合概念》文件提出了未来电磁频谱作战的初始概念构想，系统阐明了联合部队开展电磁频谱作战行动的战略愿景、组织机构与职能、指挥与管理关系、计划制订与作战实施、作战集成与行动协同等内容。2015年12月，时任美国国防部首席信息官的特里·哈尔沃森指出，电磁频谱有望被视作继陆、海、空、天、网络空间之后的第六作战域，这为进一步整合电磁频谱领域行动奠定了认识基础。同年，美国战略与预算评估中心（CSBA）发布《决胜电磁波——重塑美国在电磁频谱领域的优势地位》研究报告。报告进一步完善充实了"电磁频谱战"概念，将电磁频谱战划分为三个阶段，即第一次世界大战（简称一战）时期的"有源网络"与"无源对抗"的较量、二战至冷战时期的"有源网络"与"有源对抗"的较量，以及冷战后"隐身"与"低功率网络"的较量。与此同时，各军种也相继开展电磁频谱相关探索，在联合条令指导下界定电磁频谱作战概念范畴，深度阐述机构与职责、作战架构、计划制订与协调控制、任务清单与决策流程、行动分队与管理工具，以及条令、组织、训练、物资、领导及教育、人员和设施等问题，并促进电磁频谱作战、电子战与网络空间战的融合。2013年，美国海军提出了电磁机动战概念，并在2015年3月发布的《21世纪海上力量合作战略》中概要阐述了电磁机动战的目标、构成、技术支持与实现路径；2013年美国空军提出频谱战；2014年美国陆军提出网络电磁行动并发布野战手册 FM 3-38《网络电磁行动》，其中对电磁频谱作战的概念进行了扩展，并明确指出电磁频谱作战包括电子战和频谱管理行动。这些概念是对电磁频谱作战的进一步探索，为联合电磁频谱作战的发展提供了丰富的理论基础。

（四）体系完善与优势重塑阶段（2016 年以来）

随着信息化进程的加速以及大数据和人工智能技术的发展，电磁频谱作战将成为未来军事竞争的长期战略。因此，这一阶段，美军持续完善联合电磁频谱作战理论体系，同时将其付诸实践。

在作战理论层面，美军不断完善创新联合电磁频谱作战及其作战行动概念。2016 年 10 月，美军参联会颁布了过渡性条令 JDN 3-16《联合电磁频谱作战》。该文件初步形成了一套较为完整的联合电磁频谱作战理论体系框架，为联合电磁频谱作战奠定了条令指导基石，标志着美军开始了电磁频谱作战组织实施的探索。2017 年 1 月，美国时任国防部长阿什顿·卡特签署首部《电子战战略》，正式将电磁频谱域确立为独立作战域，并明确了美国国防部将如何实施电子战以及更大范围的电磁频谱作战。美军将电磁频谱作为一个独立的作战域，旨在将电磁频谱管理这个信息高速路上的"交通警察"从战争舞台的"后台"推向"前台"。这在美军联合电磁频谱作战发展历程中具有里程碑意义。同年 10 月，美国战略与预算评估中心（CSBA）继 2015 年 12 月推出《决胜电磁波——重塑美国在电磁频谱领域的优势地位》后又发布了《决胜灰色地带——运用电磁战重获局势掌控优势》研究报告，提出电磁战由电磁频谱中的通信、感知、干扰和欺骗等军事行动组成，是电磁频谱作战域内的战争形式。报告还重点阐述了新的电磁频谱作战概念及能力，并开始探索电磁频谱作战战法。2019 年 11 月，CSBA"决胜"系列报告的第三部《决胜无形战争——赢得美国在电磁频谱领域的持久优势》，更是进一步以中、俄为参照，对美军电磁频谱能力与发展现状进行了评估，并提出了相应发展建议。

在装备技术层面，美军正快速推动电磁频谱作战从作战概念到逐步物化。

第一章
美军联合电磁频谱作战概述

2017年，美国战略司令部联合电子战中心（JEWC）启动面向电磁频谱态势感知与指挥控制提供改进电磁战斗管理能力的新技术研究，计划5年内实现基于策略的实时频谱管控、先进电磁战斗序列（EOB）表征和行动方案建模仿真分析等能力，并达到7~8级技术成熟度。同年8月，DARPA在认知电子战和人工智能技术推动下，又启动了射频机器学习系统（RFMLS）和频谱联合挑战项目，开发从大量复杂频谱信号中自动区分和表征目标信号的新技术。同年9月，美国东北大学研究团队宣布利用"等离子增强微机械光开关"等器件，实现了高难度的近零功耗射频和传感器工作项目。2019年，美军围绕电磁频谱装备技术研发更是举措频频，不断采取有力措施将电磁频谱战略和概念转化为作战能力。一方面，目前美军高度依赖无线电和雷达，但因其在开阔区域会辐射出强大的能量，导致美军极易被敌方发现和锁定。为了避免在使用电磁频谱遂行作战任务时被敌方发现，美国国防部需要增加对低截获概率/低探测概率（LPI/LPD）通信系统和无源或多基地传感器的投资和试验。更具挑战性的是，美军还需要减少对全向广播的高功率通信系统（如北约标准Link-16数据链）和有源单站传感器（如系统舰载雷达）的依赖。有资料表明，美国国防部已于2019年开始在技术和作战层面上推进这种转变。另一方面，为应对敌人对美国和盟国通信的干扰，美国国防部在2019年已着手对Link-16进行改进，并在LPI/LPD通信系统、无源射频传感器、视觉光电和红外传感器、多基地雷达以及认知和机器学习算法等方面进一步加大了投入。

在力量建设层面，美国国防部在实施培训和人力建设方面取得重大突破。美军非常重视电磁频谱作战力量与传统作战力量的优化集成，明确联合电磁频谱作战单元是联合部队的主要参谋部，由电磁频谱控制负责人委派一名主管统一指挥，各军种成立自己的电磁频谱作战部队，发展自身的电子战能力，探索并实施联合训练活动。各军种对所有人员进行了电磁频谱使用方面的培训，并使其电子战队伍更加专业。陆军和海军陆战队已在部署新的电子战系统，并增加了操作这些系统的专业人员。此外，陆军和海军陆战队也在联合开发管理电磁频谱行动概念，以期形成下一代作战能力和作战方式。美国空军也在着手实质性推进电磁频谱作战。2018年1月，美国空军组建电子战/电磁频谱优势体系能力协作小组，旨在研究如何保持电磁频谱优势。这是美国空军为发展高端作战能力而建立的一种论证组织形式。2019年，美国空军根据该小组的建议对电子战力量进行重组，以期使空军保持在电磁频谱领域的竞争优势，从而实现行动自由，同时拒止对手的行动自由。其具体措施包括以下三个方面：在空军参谋部创建电磁频谱领导机构，负责从体系层面对电磁频谱优先事项和投资进行监督和管理；建立新的"多领域组织"，整合空军的电磁频谱行动；重整美国空军在电子战中的勇士精神，通过体系化教育训练计划培养电磁频谱作战力量。

经过几年的实践论证，美军参联会基于过渡性条令JDN 3-16，并整合了JP 6-02和JP 3-13等条令的相关内容，于2020年5月22日正式颁布了联合条令JP 3-85《联合电磁频谱作战》。该条令正式系统规定了联合电磁频谱作战的行动样式、职能分工和组织机制，明确了计划协调及实施评估规程，以最具权威性、强制性的条令文件，确立了完整的联合电磁频谱作战框架，标志着美军正式将电磁频谱作战从概念论证推向实践运用。2020年10月29日，美国国防部又发布了《电磁频谱优势战略》，从战略层面进一步规划了确保美军在大国竞争时代保持电磁频谱优势的目标和实现路径。2021年6月25日，美国空军空战司令部启动了全球首个频谱战联队——第350频谱战联队，标志着美军联合电磁频谱作战力量建设进入实质性推进阶段。

值得一提的是，随着多域战概念日益成为美军关注的热点，可预见其将是未来联合作战的新方向。多域战的核心在于打破军种、领域之间的界限，各军种在陆、海、空、天、电及网络空间等领域拓展能力，实现同步跨域火力和全域机动，夺取物理域、信息域、认知域以及时间方面的优势。可见，电磁频谱必将成为美军未来联合作战重点发展的关键能力领域之一。多域战作为一种联合作战样式，要求美军各军兵种具备"T"型能力，即横向和其他军兵种融合，纵向将其他军兵种的优势力量融入自身的能力。2018年1月19日，美国陆军训练与条令司令部发布的525-8-6号行动手册《陆军网络空间与电子战行动概念》就围绕未来作战环境，阐明美国陆军如何将网络战、电子战和电磁频谱管理行动充分融合并纳入诸军兵种联合作战。由此可以看出，网络战、电子战与电磁频谱管理行动的融合与集成被陆军视为落实多域战构想的关键突破点。为确保陆军可快速识别、开发和利用全谱网络电磁活动效能以威慑、拒止并击败对手，保持优势，美国国防部于2018年12月宣布价值9.82亿美元的R4不定期交付/不确定数量合同，整合其电子战及网络能力以支持美军的全谱网络电磁活动。另外，随着信息技术尤其是物联网、数据链等技术的迅猛发展，网络与电磁频谱的关系越来越紧密，电子信息设备（系统）的网络化和网络传输的无线化为网电一体作战提供可能。可以预见，网电一体作战必将成为美军新型作战能力下一阶段发展的重点。

四、地位作用

美军持续推进以联合电磁频谱作战为核心的作战概念革新，谋求通过夺取电磁频谱优势进而掌握联合作战主导权。联合电磁频谱作战无疑已成为21世纪继网络空间作战后，美军又一新的作战能力增长点，其地位作用日益凸显。

（一）联合电磁频谱作战是电子战发展的高级阶段

美军联合电磁频谱作战是一个新概念，但其使用电磁频谱进行作战已有75年的历史，他们利用电磁频谱实施电子战，提供态势感知信息，为己方部队提供保护，同时拒止对手的电磁作战能力，迷惑对手，给其制造混乱。随着战争形态和电子信息技术的发展，美军不断加深对电磁频谱重要性的认识，逐步确立了将电磁频谱定位为作战域的思想。电磁频谱作战域的形成给电子战带来了革命性的影响，电磁机动战、电磁战斗管理等新概念、新思想频频涌现，不断丰富和扩充了电子战的内容，如何整合电磁频谱领域内的相关行动也成为美军急需解决的重点问题之一。JP 3-85《联合电磁频谱作战》，将电子战作为电磁频谱领域内重要的斗争形式，它也是联合电磁频谱作战的核心组成和重要基石。该条令明确指出，联合电磁频谱作战包括电子战和电磁频谱管理，但这不仅仅是概念的叠加，而是囊括了联合部队发射和接收电磁能量的所有活动，并重点突出所有电磁频谱行动的排序、集成、同步和去冲突，形成高度一体化的行动模式，支撑部队发挥整体合力。由此可见，联合电磁频谱作战较之传统电子战的内容和意义均有了较大范围的扩展和提高，是在美军对电磁频谱认识深化基础上电子战发展的高级阶段。

（二）联合电磁频谱作战是未来冲突与对抗的重要形式

电磁频谱把陆、海、空、天、网所有作战域连在了一起，是横跨所有其他战场空间，且能被所有作战人员共享的无形作战领域。美国战略司令部曾指出，美军下一场战争将首先赢或输在电磁频谱上。在陆、海、空、天、网中实施的作战都依赖电磁频谱达成其联合功能。由于电磁频谱同时与所有物理领域和信息环境重叠，联合电磁频谱作战的实施，能有效为作战环境中的电磁频谱使用进行优先级排序、集成、同步，并消除冲突。在网络空间，许多网络空间作战要借助电磁频谱实施，尤其是在战术层面，要求其必须依据电磁频谱作战管理程序与其他联合电磁频谱作战协调。在太空，大多数空间作战都依赖电磁频谱进行指挥控制、态势感知和信息分发；空间作战的这一重要特性要求其必须与其他联合电磁频谱作战协调，以确保恰当的优先级排序、集成、同步和冲突消除。

从电磁频谱应用方面来看，美军联合电磁频谱作战主要包括攻击、利用、防护、管理等行动。攻击，主要通过电子攻击和导航战，利用电磁能量、定向能或反辐射武器攻击人员、设备或装置，降低或损坏敌方的战斗能力，或使敌方的战斗能力失效；利用，主要通过信号情报收集和分发进行电子战支援、搜索、拦截、识别、定位有意或无意辐射电磁能量源，识别威胁、挽救、瞄准、规划并实施未来的行动；防护，主要通过电子防护和联合频谱干扰消除，保护人员、设备或装置不受任何可能会降低、损坏己方及友方战斗能力的电磁能量使用的影响；管理，主要通过操作、技术和管理程序，在时间、空间和频率方面，对电磁频谱利用进行计划和协同。尽管以上行动的目的和功能不尽相同，但其核心都是获取电磁频谱优势，在保证其他作战域作战能

第一章 美军联合电磁频谱作战概述

力的同时，还能瘫痪敌方武器系统，因此，联合电磁频谱作战是未来冲突和对抗的重要形式。

（三）联合电磁频谱作战是未来战争制胜的重要因素

美军认为，联合电磁频谱作战对联合部队的指挥控制、情报活动、火力攻击、转移机动、作战防护、后勤保障和信息功能等的发挥将产生深刻的影响，势将成为未来战争制胜的重要因素。

在指挥控制方面，联合电磁频谱作战可消除美军联合部队通信与民事、商业、友军在电磁频谱使用上的冲突，对各部门的通信进行优先排序和同步，并防止敌方对联合部队通信的电子攻击，通过与网络空间作战域紧密合作，确保对所属或配属部队的指挥控制。

在情报活动方面，联合电磁频谱作战通过对联合电磁频谱使用的优先级排序、集成和同步，可提供可靠的传感器指挥控制、数据传播和最优化的目标收集，从而促进情报活动的实施。同时，还可以消除美军联合部队传感器与民事、商业、友军在电磁频谱使用上的冲突，将其与其他行动（如通信、火力攻击等）进行优先级排序和同步，并防止敌方的电子攻击。

在火力攻击方面，美军认为联合电磁频谱作战是火力攻击的倍增器，也是火力攻击手段之一。当前，许多火力系统都嵌入了使用电磁频谱的目标指引传感器、PNT 设备、追踪器和指挥控制数据链系统。联合电磁频谱作战可消除这些系统与民事、商业、友军在电磁频谱使用上的冲突，将其与其他系统（如通信系统、传感器等）频谱使用进行优先级排序和同步，并防止敌方电磁频谱作战的影响。联合电磁频谱作战，尤其是电子战任务领域与网络空间作战领域密切配合，可对目标攻击产生增效作用。作为火力攻击手段之一，根据电子战支援和信号情报行动提供的目标指引和武器性能情报，电子攻击可像其他火力攻击样式一样，对目标造成致命或非致命的攻击效果。

在转移机动方面，美军联合部队可通过在电磁作战环境中的机动，获取对敌优势。联合部队可利用电子攻击抢占关键频率用于通信信道，同时防止敌方电磁频谱使用，达成对敌致命或非致命的效果。联合电磁频谱作战可为部队提供机动能力，确保部队指挥控制、情报活动、火力攻击、作战防护和后勤保障的顺畅，促进联合作战效能。

在作战防护方面，美军联合电磁频谱作战通过防御性电子攻击、电子战支援和电子防护等措施为友军提供防护。防御性电子攻击能拒止敌军传感器和目标指引系统获取对联合部队攻击的必要信息，而电子战支援系统能提供敌方攻击的指示和预警。定向能系统被用来拒止或破坏攻击武器，为构建电子防护措施以提供对敌方电子攻击的防护赢得时间。电子防护和联合频谱干扰消除能够识别、降低和消除敌军对联合部队的电子攻击和电子干扰。联合电磁频谱作战还能消除联合部队作战识别系统与民事、商业、友军之间的用频冲突，将其与其他联合电磁频谱作战行动（如通信、火力攻击等）进行优先级排序和同步，并防止敌方的电子攻击。

在后勤保障方面，联合电磁频谱作战能消除联合部队后勤系统与民事、商业、友军之间的用频冲突，通过对各方面通信进行优先级排序和同步，防止敌方对联合部队通信的电子攻击，为保障行动提供支持，确保联合部队行动自由，延伸保障范围并延长保障时限。

在信息功能方面，联合电磁频谱作战以夺取未来联合作战信息保障极度依赖的电磁频谱领域优势为目标。一方面可以通过对相关信息行动用频进行合理分配和管理来消除冲突，确保信息的正常管理和应用；另一方面能够在电子战支援下为联合部队信息环境中的活动提供保障，确保信息获取、传输、存储和应用全流程的安全性。

（四）联合电磁频谱作战是美军战斗力发展的新方向

当前，美国已将在电磁频谱领域占据主导地位作为其"第三次抵消战略"的前提。尽管美军数十年来都在利用电磁频谱进行通信、导航和定位，但新兴技术的发展正在改变美军的作战方式，联合电磁频谱作战成为美军战斗力发展的新方向。

美军认为，俄罗斯、伊朗等国家具备使用岸基传感器和通信网络、防空导弹、巡航导弹、弹道导弹对美军的舰船、飞机和其他兵力投送力量实施远

第一章
美军联合电磁频谱作战概述

程打击的能力,而美军远距离作战必须突破兵力投送能力的限制,为此,美国战略与预算评估中心的多份研究报告都提出了运用电磁频谱作战的方式应对美国未来威胁和挑战的作战概念,通过联合电磁频谱作战的方式提升战斗力成为美军重点发展方向。其中,《决胜灰色地带——运用电磁战重获局势掌控优势》报告创新地提出了运用电磁频谱作战的方式提升美军灰色地带冲突应对能力的作战理念,如:降级敌方搜索和瞄准传感器;利用携带电磁频谱作战系统的无人系统编队发现、识别目标,并与武器协同攻击敌方最具威胁瞄准点;利用电磁频谱作战系统,克服敌人的主、被动对抗措施影响,提升美方武器到达目标的可能性,等等。以此为牵引,美军正在展开携带电磁频谱作战系统的小型导弹、巡飞弹及无人机的研制,如"弹簧刀"巡飞弹、低成本无人机蜂群技术等。在《重建美国海上力量:美国海军的一种新型舰队体系》中构想了以电磁频谱作战作为未来舰队作战概念和作战方式之一,通过电磁频谱作战对抗敌方的情报、监视与侦察等行动。《大国竞争时代的力量规划》报告则勾画了通过电磁频谱作战的方式塑造美军未来海上力量的构想,即降低对手搜寻和瞄准其舰艇和岸上机动部队的能力,利用诱饵或其他反制措施增加发动攻击所需武器数量,提升美军在齐射竞争中的地位。可见,美军将联合电磁频谱作战作为其在面对诸多因素限制时,通过错位竞争赢得战场优势的一个重要发展方向。

第二章

美军联合电磁频谱作战主要行动样式

早在 2012 年,美军就在联合条令 JP 6-01《联合电磁频谱管理行动》中指出,联合电磁频谱作战包括电子战和联合电磁频谱管理,目的是在电磁作战环境中实施侦察、管理、攻击和防护行动,以保证达成指挥员意图。及至 2020 年,美军又在联合条令 JP 3-85《联合电磁频谱作战》中进一步明确,联合电磁频谱作战行动由信号情报、电磁频谱管理和电子战等传统任务领域的部分或全部行动样式构成。该条令虽然继续将联合电磁频谱行动划分为侦察、管理、攻击和防护四种行动类型,但新纳入了信号情报领域的相关行动样式,并首次系统阐述了联合电磁频谱作战的主要行动样式。图 2-1 为联合电磁频谱作战行动类型、主要行动样式及其与传统任务领域的对应关系。

第二章
美军联合电磁频谱作战主要行动样式

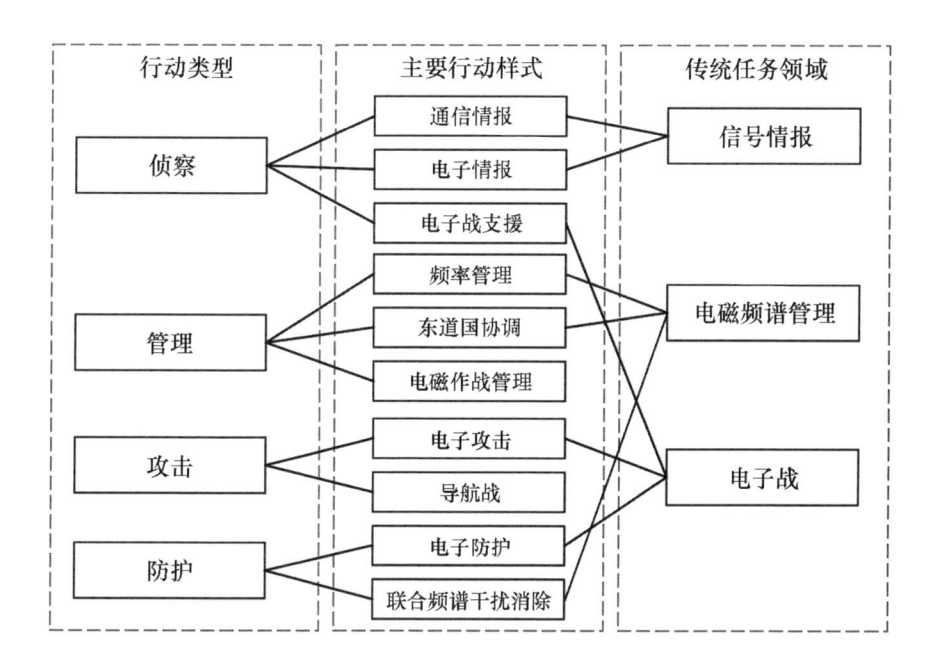

图 2-1 联合电磁频谱作战行动类型、主要行动样式及其与传统任务领域的对应关系

一、侦察行动

美军认为，当前大多数军事系统，从支援系统到武器系统，要实现功能最优化，都需要通过感知电磁频谱发射对电磁作战环境进行侦察。为此，必须基于电磁频谱传感器系统（包括空对空雷达、激光目标指示器等主动传感器和雷达告警接收器、红外武器追踪器等被动传感器），实施侦察行动，为情报收集、态势感知、目标定位等提供支持。JP 3-85《联合电磁频谱作战》条令明确，联合电磁频谱作战侦察行动主要包括信号情报和电子战支援两种行动样式。

（一）信号情报

美军认为，信号情报已发展成为现代战争中军事情报的一种重要形式，旨在从接收到的信号中获取重要的情报信息，为己方指挥员制定决策提供依据。信号情报是辨别电磁环境中无线电台、雷达、红外装备和定向能系统的相关频率的基础，同时其收集和分发又高度依赖电磁频谱。在联合作战中，作战环境联合情报准备（JIPOE）分析人员采用情报规划工具，依据信号情报评估某一作战地域电磁环境对军事行动的影响，并生成定制的联合电磁频谱作战任务支持产品。依据信号来源的不同，美军将信号情报划分为通信情报（COMINT）与电子情报（ELINT）两种。两者工作方式上存在相似性，都是通过天线、接收机和处理器对目标发射的信号进行搜集，都需要对信号进行一定的解析还原与分析。但从来源上看，通信情报主要是对目标的通信信号进行分析和处理，而电子情报则针对包括目标雷达信号在内的非通信信号。

1. 通信情报

美军将通信情报定义为"通过截获和分析敌方有线或无线电通信信号，获取包括敌方的能力、兵力结构和意图等在内的情报信息"。美军认为，与电子战支援主要关注信号的外部特征（如信号的电平、强度、调制方式和发射机位置等）不同，通信情报系统的处理对象实际上是敌方发送的信号内容，也就是调制波形中携带的信息。通过对敌方战役战术层级无线电信号进行搜集与研究，可判明敌方战场位置、兵力部署、隶属关系等。比如，通过对敌方组织使用的所有类型发射机进行建模，可以对敌方兵力结构做出推测；通过监测接收机的位置并结合位置的历史记录，可以判明敌方部队的位置和机动状态。美军将发射机的所有"位置布局"称为电磁战斗序列（EOB），通过对其进行分析，可以确定敌军的能力及意图，甚至通过通信容量的变化，预先估计敌方行动变化。

美军认为，由于军事通信的保密属性，敌方对其重要的信号都采用特有的算法或规则进行了加密，为获取其中的通信内容，确保信息的可用性，必须对信号进行解密。因此，密码破译是获取通信情报的关键，但这一工作必然要耗费一定的时间。显然，相较电子战支援服务于战术层的高时效性需求而言，通信情报更适合为战略层或高级战术层行动提供支持。

2. 电子情报

美军将电子情报定义为"通过搜集、观察、记录和处理非通信信号（一般以雷达信号为主），帮助己方指挥员判明战场电子武器装备的位置、技术与能力，实施干扰、压制、打击等电子战行动，从而构筑战场电磁环境优势"。电子情报最早起源于第二次世界大战。随着雷达的大规模运用，空袭与反空袭作战日益成为现代战争的重要组成部分。对进攻方而言，必须采集足够的信号来识别敌方雷达的位置和工作参数，以在空袭作战中避开敌方雷达，或者使之瘫痪。例如，二战中，英国情报人员根据德国"弗莱娅"防空雷达以500次/s的脉冲重复频率运行的特点，推测其最大有效探测范围是300 km，为空袭战机制定战术规避措施提供了重要依据。对雷达信号进行处理与分析便产生了电子情报，它反映了对方雷达乃至防空体系的部署情况与能力状态。二战后，美军更加重视对搜集到的雷达信号进行分析与处理，生成目标国电子序列和雷达等电子设备的活动与性能等电子情报，以主导联合战场的电磁环境。随着信息技术的快速发展和战争样式的不断变化，电子情报衍生出了三种新的类型。

一是遥测情报。遥测情报是从军用或民用设备测试和运行活动辐射出的信号中得来的，而该信号承载了设备技术参数和位置等信息。第二次世界大战后，随着导弹、核武器的发展及其在美苏两国战略中的重要地位，搜集导弹遥测信号对评估对方导弹实力具有显著价值。具体而言，若能搜集导弹测试活动中发出的遥测信号，即可评估导弹所携弹头数目、有效载荷、弹头大致尺寸，以及弹头在末段被引导至打击目标上的精确度等。20世纪70年代初期，美国通过"流纹岩"电子侦察卫星及其所属地面站点，对苏联在黑海附近的试验场和丘拉坦试验场进行的导弹试验进行严密监视，搜集遥测信号，对判断当时苏联的导弹实力发挥了重要作用。

二是外国仪器信号情报。除遥测信号外，一些自动化指挥通信系统也能发出搭载了某些反映实体所处位置与技术能力的信号，如导弹和卫星指挥信号、电子询问器等，这是随着武器装备技术水平的进步和情报侦察能力的提高所产生的非通信信号，通过对其进行分析和处理产生的情报也是电子情报的组成部分。

三是网络情报。从20世纪90年代起，美国政府为有效防范和制约网络犯罪和网络窃密行为，授权国家安全局扩大其职责范围，并推出了网络情报计划。此时的"网络情报"即专指通过技术手段对外国计算机网络，以秘密的方式（包含秘密调查、渗透、偷窥网络邮箱）进行情报搜集而获取的情报。近年来，随着搜集方法的成熟和目标的拓展，网络情报备受重视，已迅速发展成为美国各类情报产品的重要支撑。

（二）电子战支援

电子战支援是电子战行动的组成部分之一，美军将其定义为"由作战指挥官分派任务或在其直接控制下，针对有意和无意电磁辐射源采取的搜索、截获、识别、定位和溯源等行动。其目的是识别当前威胁、确定目标，为下一步作战行动计划和实施提供支持"。可见，电子战支援是快速做出电子攻击、电子防护、规避、目标确定及其他战术兵力部署等决策的基础。例如，确定敌方电子设备和系统的电磁脆弱性，以便己方在电子战行动中利用这些脆弱性。美军某一作战地域内的电子战支援行动一般由相应联合电磁频谱作战办公室负责同步和集成，依托电子战支援系统收集数据并生成信息后，实施的具体工作包括与其他信息或情报源相互印证、实施或指导电子攻击作战行动、启动自卫措施、给武器系统分配任务、支持电子防护工作、创建或更新电子战数据库、支持信息相关能力等。

美军认为，电子战支援与信号情报联系紧密，电子战支援与信号情报行动常常共享或使用类似的人力和资源，也可能会同时收集信息，以满足各自需求。例如，以情报为目的收集的数据也可以满足直接作战需求，而以电子战支援为目的收集的数据在作战司令部使用完后，还可以提供给信号情报部门处理，以备将来使用。但两者在分配任务和控制资源的人员、任务的目的、对所探测信息的预期使用、分析工作的深入程度、所提供信息的详细程度以及时间要求等诸多方面都存在差异。电子战支援力量由作战指挥官赋予任务，而信号情报力量由国家安全局（NSA）/中央安全局（CSS）直接赋予任务，或由其派驻作战司令部的代表赋予任务。此外，电子战支援的目的主要是认清当前威胁，促进作战计划拟订、下一步作战行动实施，以及威胁规避、目标确定及导引等战术行动实施，直接响应当前作战需求；而信号情报着眼更为长远，主要用于掌握敌军具备的能力水平和特征。

二、管理行动

美军认为，为确保联合部队在电磁作战环境中、在规划的策略框架下统一行动，必须加强行动管理。由电磁作战管理程序支持的电磁频谱作战管理，能确保联合部队尽可能以最有效和最简便的方式，在日益拥塞和充满竞争的电磁作战环境中一体化实施侦察、攻击和防护行动。JP 3–85《联合电磁频谱作战》明确，联合电磁频谱作战管理行动主要包括电磁频谱管理和电磁作战管理两种行动样式。

（一）电磁频谱管理

美军对电磁频谱管理的定义是"通过相关作战、工程和管理规程，对电磁频谱进行使用的计划、协调和管理活动"，包括频率管理（FM）和东道国协调（HNC）等。电磁频谱管理的目标是促进用频装备和系统有效发挥其既定功能，不受电磁干扰影响，为最有效地使用电磁频谱并发挥其最大效能提供政策和规程框架。类似于空战时的空间管理，电磁频谱管理用来协同和集成联合电磁频谱使用的时间、空间和频率。

1. 频率管理

频率管理是电磁频谱管理最主要的工作内容，负责用频装备和系统的频率申请、指定、协调、分配和发布。其主要目的是对非电子攻击的电磁传输行为进行权威管理，防护系统免受有害干扰。在美军电磁频谱控制命令中，通常把频率管理作为电磁频谱协调措施的核心内容。最典型的电磁频谱管理任务如为特定平台上的无线电台、无人系统，卫星上的数据链、雷达、武器传感器及网络信息通信系统分配频率。美军的频率管理主要包括频率划分、分配、指配和规划等四项具体业务。

一是频率划分。频率划分是电磁频谱管理的重要基础工作，是频率规划、分配和指配的前提。频率划分是指将某个特定的频带列入频率划分表，规定该频带可在指定的条件下供一种或多种地面、空间无线电通信业务或射电天文业务使用。美国频率划分，是在遵循国际频率划分规定的基础上，依据美国无线电业务应用状况和技术发展水平进行的活动。美国频率划分表仅限于在美国领土（属地）范围内和正常情况下使用，超出本土范围，则遵循国际频率划分规定。美国将可用电磁频谱资源进一步划分为政府用途和非政府用途。不同用途上划分了不同的主次要业务，总体上看，政府专用频率划分要比非政府用频范围小。但政府用频与非政府用频也并非完全割裂，政府部门，特别是国防部在特殊情况下，也可以以次要身份接入非政府用频和共享频段。

二是频率分配。由于频谱资源有限，在同一地区可能有不同单位使用相同频段，尽管符合频率划分规定，但是也会产生干扰，这就需要进行频率分配。频率分配，是指将频率或频道规定由一个或多个部门，在指定的区域和条件下供地面或空间无线电通信业务使用。频率分配是在频率划分的基础上进行的，是频率指配和使用的前提。美军频率分配可在国家或军队层面进行，比如国家电信与信息管理局（NTIA）可以在协调的基础上将某个政府用频频段在不同的政府机构之间进行分配。而国防部也可以将特定军用频段分配给特定军种使用，比如将对潜通信所需的中长波频段直接分配给海军，由海军做进一步分配或指配。

三是频率指配。频率指配，是指将无线电频率或频道批准给无线电台在规定条件下使用。频率指配是频率管理的一项内容，应符合无线电划分规定并在频率分配的范围内实施。在频率指配时，应进行电磁兼容分析计算，以避免对其他用频台站造成有害干扰。美军的频率指配方式主要有三种：正式指配、临时指配和试验指配。正式指配是指没有具体指定使用时间段的频率指配（任何时间都可以使用）。临时指配指定了具体的使用时间段，且使用期限不超过5年。试验指配是为正式指配选定合适的特定工作频率，使用期限更短。

第二章 美军联合电磁频谱作战主要行动样式

四是频率规划。频率规划是电磁频谱资源管理的重要环节，是指根据无线电频率划分或分配规定，为某一频段内的某种无线电业务制订频率使用计划，是频率分配或频率指配的依据。其目的是科学利用频率资源，规范无线电业务的频率使用，提高频谱利用率。美军一般将频率规划分为信道规划和使用需求规划。

2. 东道国协调

美军所谓的东道国，是指盟国或北约部队驻扎或补给存储的国家、作战地域所在的国家，或物资运输需要经过的国家。由于每个国家都拥有管理其领土内电磁频谱使用的主权，因此美军特别强调，在恰当时机，应该与相关地区的所有国家进行协调。

美军与不同东道国管理当局的联络和协调工作，并无统一模式或流程，通常依据作战司令部（CCMD）与东道国协议的相关程序进行，由频谱管理员负责具体联络和协调工作。因此，美军认为频谱管理员应该熟悉东道国的无线电服务分配与信道规划，并通晓与不同国家打交道的模式与流程。频谱管理员可使用全球东道国频谱数据库确定在特定地区内哪些设备可用。该数据库是一个运行在保密IP路由网络上的工具，可以数据方式自动分发与东道国的协调请求，并向作战指挥部提交东道国支援建议。

（二）电磁作战管理

美军的电磁作战管理是对电磁频谱作战的动态监控、评估、计划和指导，以保证作战司令部作战计划的实施。其相关指导和程序依据通用体系结构、标准和数据制定，为联合电磁频谱作战提供态势感知、决策支持、指挥控制支持。美军各级电磁频谱协调机构负责制定和贯彻执行电磁作战管理指导和程序，以协调所有陆、海、空、天和网络空间内用频系统的活动，使其成为一个整体。美军认为，联合电磁频谱作战进程和能力与其他作战样式的一体化运行，是保证各领域联合作战行动自由的基础。

三、攻击行动

美军认为,通过将电子战与网络空间作战等其他能力融合使用,联合电磁频谱作战可以在电磁作战环境中达成直接攻击效果。JP 3-85《联合电磁频谱作战》将联合电磁频谱作战攻击行动主要分为电子攻击和导航战两种行动样式。

(一) 电子攻击

美军已逐渐将电子攻击视为火力攻击的一种重要形式,将其定义为"电子战的作战样式之一,指使用电磁能、定向能或反辐射武器攻击人员、设施或装备,以降低、消除或破坏敌方作战能力"。美军认为,电子攻击应既包括主动攻击,即使用电子攻击系统或武器在电磁频谱领域内发射辐射,也包括被动攻击(非辐射/再辐射),如使用金属箔条等。根据攻击方式的不同,美军电子攻击可主要分为以下几种具体行动样式。

一是电磁对抗。主要包括光电/红外对抗和射频对抗。其中,光电/红外对抗运用光电/红外材料或技术削弱敌方作战效能,尤其是在对抗精确制导武器和传感器系统方面。光电/红外对抗可以使用激光干扰机、烟雾弹、烟雾剂、特征抑制剂、诱饵、烟火、自燃物、高能激光或定向红外能对抗措施。射频对抗是指使用射频材料或技术削弱敌方作战效能的设备或技术,尤其是在对抗精确制导武器和传感器系统方面。射频对抗可以是有源的,也可以是无源的。飞机用于防御精确制导地空导弹系统的一次性干扰机就是射频对抗的一个例子。

二是电磁欺骗。电磁欺骗是指有意辐射、转发辐射、改变、压制、吸收、拒止、增强或反射电磁能,以便向敌方或其依赖电磁频谱的武器发送误导信息,从而降低或压制敌方战斗力。电磁欺骗的类型包括操纵式、模拟式和模仿式。操纵式电磁欺骗包括消除泄露信息、发送误导信息、发出有可能被敌军使用的错误电磁指示。模拟式电磁欺骗是指模拟己方的虚假或实际能力以误导敌军。模仿式电磁欺骗是指模仿敌方发射电磁能,从而将其引入敌方系统。

三是电磁入侵。电磁入侵是以任何方式有意将电磁能量注入传输路径,达到欺骗操作员或引起混乱的目的。电磁入侵通常通过注入虚假信息来实施。这些虚假信息可能包括话音指示、假目标、火力任务的坐标,或转发提前录制好的数据等。

四是电磁干扰。电磁干扰是指有意辐射、转发辐射或反射电磁能量,以阻止或削弱敌方有效使用电磁频谱的能力,进而达到削弱、抑制敌军战斗力的目的。可被干扰的目标包括电台、雷达、导航设备、卫星和光电设备等。

五是电磁脉冲。电磁脉冲是由强电子脉冲产生的电磁辐射(通常由核爆炸产生),其可能与电气或电子系统产生耦合,从而产生破坏性的电流和电压冲击。电磁脉冲可在目标系统中感应出大电流和电压,破坏电子设备或扰乱其功能。电磁脉冲的间接影响是电气部件过热造成电路起火。

为实现上述各类电子攻击行动的综合运用,美军还特别强调各行动样式之间的协同,专门成立了联合目标协同委员会,要求联合电磁频谱作战计划人员通过该委员会进行电子攻击的协同,协调作战效果并商讨威胁消除策略,以降低相互影响。此外,鉴于以防御为目的的电子攻击常与电子防护混淆,美军还在联合条令 JP 3-85 中特别指出:尽管防御性电子攻击和电子防护都以保护人员、设施和装备为目的,但电子防护是为了避免电子攻击或电磁干扰,其保护对象主要是电子系统或用频系统;而防御性电子攻击主要通过破坏敌人使用电磁频谱进行目标定位、指引或激发武器的能力,以避免受到致命攻击,其保护对象不仅仅局限于电子系统或用频系统。

(二) 导航战

美军认为,由于各类卫星导航定位系统的发展和应用,武器装备正朝着智能化、精确化方向发展,但随着电子空间对抗加剧,这类系统也必然成为敌方攻击的目标。为此,导航战(NAVWAR)将成为电子战的一个全新行动样式。美军将其定义为"通过协调空间、网络空间和电子战,确保友军使用并防止敌军使用定位、导航与授时（PNT）信息而实施的攻防行动"。

由于卫星导航系统一般采用固定的频点传输信号，因而相对比较容易开展压制式干扰，即干扰信号的中心频率与导航卫星的中心频率一致，只要干扰信号能量大于全球定位系统（GPS）信号能量即可。由于导航卫星播发信号到达地球表面之后非常微弱，因此，地面微弱的干扰信号就能屏蔽 GPS 卫星播发的导航信号，使 GPS 用户机接收不到 GPS 卫星播发的导航信号，从而达到干扰的目的。实际上，对 GPS 用户机的干扰本质上是对 GPS 系统的下行信道信号干扰，包括压制式干扰和欺骗式干扰两种模式。

四、防护行动

美军认为，因为联合部队非常依赖电磁作战环境的利用，所以联合电磁频谱作战必须确保必要的电磁频谱有效使用，而同时将来自友军、中立部队和敌军行动的干扰降至最低。联合电磁频谱作战要将电子战和电磁频谱管理等传统任务领域的防护行动融入计划和作战实施，以使联合部队用频系统能实现预期运行效果。JP 3-85《联合电磁频谱作战》明确，联合电磁频谱作战中的防护行动样式主要包括电子防护和联合频谱干扰消除（JSIR）。

（一）电子防护

美军对电子防护的定义是"电子战的作战样式之一，指采取行动为人员、设施和装备提供防护，以避免友军、中立部队或敌军使用电磁频谱带来的干扰，同时防止己方作战能力因自然现象引起的降低、抵消或破坏"。美军强调，指挥官和部队在作战行动中必须了解己方电子装备所面临的敌方电子攻击威胁和脆弱性，并采取恰当的措施来保护己方的战斗力不被利用和攻击。为此，各级司令部要定期向己方部队人员通报电子战威胁，确保部队在演习、操作和部署中有保护好电子系统的能力，协调电磁频谱的使用，并消除冲突。

美军典型的电子防护措施包括：无线电信号堵塞时的频率变换、雷达脉冲重复频率变换、接收机/信号处理、频谱扩展技术、多光谱低可观测技术、

第二章
美军联合电磁频谱作战主要行动样式

防高能电子攻击（如激光、HPM、EMP等）的电磁性能加固、使用战时备用模式（WARM）、红外导弹尾焰隐藏技术、通过光学孔径调节阻光度、GPS信号防护措施，以及包含电磁频谱协调措施（如联合频率限制清单）和电磁控制程序在内的电磁频谱管理规章制度等。

（二）联合频谱干扰消除

在联合作战中，电磁能的有意或无意辐射、发射或感应，无论其是源于电子攻击，还是不当操作或电磁频谱管理不力，都可能导致受影响的电子设备功能降级、中断或完全失效。因此，必须采取针对性行动，以消除这些干扰，从而保证系统的正常运行。美军将其称为联合频谱干扰消除，即对电磁干扰事故的识别、报告、分析，以及降低事故影响或消除事故。美军强调，从部队部署时起就应该持续采用系统化流程报告和判断所有电磁干扰（既包括有意干扰，也包括无意干扰）的原因和来源，并从指挥结构的最低层级着手降低或消除干扰。

美军规定，频谱管理员是消除干扰的最终授权人，终端报告用户负责在跟踪、评估、消除干扰方面为频谱管理员提供帮助。若干扰影响的是卫星通信，则负责航天的联合职能或军种司令部指挥官是消除卫星通信干扰的授权指挥官和最终授权人。

美军要求，在遭受有害干扰时，系统操作员应能够弄清楚干扰的来源，是由自然现象还是人为引起。若由自然现象引起，操作员应静待干扰结束（若干扰一直持续，则应切换到备用频率）；如果由人为因素引起，则可通过内部设备检查来排除故障。此外，还应注意校正不当、部件功能降级、天线方向未对准以及维护不当等通常也可能导致干扰。若干扰无法通过部队间协调来解决，则应将这一情况及时通报给更高一级的频谱管理员，后者将对数据库进行分析、现场调查，并与周边其他部队联系以确定干扰原因。若该频谱管理员仍然无法找到干扰原因，则应向更高一级的频谱管理员提交报告。若受影响的系统是卫星通信系统，则需按照相关要求，生成联合频谱干扰消除报告。

第三章

美军联合电磁频谱作战组织机构及职能

随着联合电磁频谱作战重要性的不断凸显,美军为实现战时联合电磁频谱作战的高效指挥控制与实施,以原有电子战指挥机构和频谱管理机构为基础,已基本构建完成联合电磁频谱作战组织体系,并通过条令明确了各组织机构和人员的职能分工。

一、战区组织机构及职能

美军战区司令部、战区下属联合部队司令部和联合部队下属职能或军种组成部队司令部均是其各自任务区内实施联合作战的指挥机构,负责指挥所属部队开展联合电磁频谱作战行动。通常情况下,战区司令部设立电磁频谱控制委员会,负责统筹管理本级司令部内联合电磁频谱作战的相关事务。战区司令部与下属各级联合部队司令部还会分别组建常设联合电磁频谱作战办公室,具体负责电磁频谱作战计划制订、作战实施、行动协调和作战评估。联合部队下属职能或军种组成部队司令部则负责组建电磁频谱作战办公室,具体实施本级司令部内的电磁频谱作战相关职能任务。

第三章
美军联合电磁频谱作战组织机构及职能

(一) 电磁频谱控制委员会

电磁频谱控制委员会是美军在战区司令部下设的联合电磁频谱作战主管机构,负责对联合电磁频谱作战计划和能力开发提供指导,发布电磁频谱控制计划(EMSCP)和电磁频谱控制命令(EMSCO),并实施电磁频谱作战管理。

具体来讲,其职责包括:一是对电磁频谱使用进行优先排序、集成、同步、指挥和冲突消除;二是制定电磁频谱控制政策和程序,协调所有联合电磁频谱用户的需求;三是制定电磁频谱作战管理程序,协调东道国和其他受影响国家的频谱限制与需求;四是依据联合部队司令部电磁频谱控制计划,发布电磁频谱作战政策和程序;五是联合电磁频谱传输授权,包括电子攻击控制授权[1]和频率分配授权[2]。

此外,美军还明确,电磁频谱控制委员会在不同作战阶段的工作重心应有所区别。在作战准备阶段,要着重加强与下属电磁频谱作战机构进行密切

---

[1] 电子攻击控制授权主要用于联合作战区域内的电子攻击,由电磁频谱控制委员会直接负责或由其指定代表负责。日常的电子攻击控制授权通常委托联合电磁频谱作战办公室主任执行,但在执行局部或战术任务时,也可委托下属部队或机构负责人执行。具体工作包括:参与制订电磁频谱协调措施(如联合限制频率清单);确保与电磁频谱协调措施的一致性;获取并保持对作战地域内所有电子攻击系统及相关参数的态势感知;提议电磁频谱作战优先事项;协调新用频系统的接入;协调军种电子攻击需求;制订、协调、修订、颁布电子攻击委员会的指导和指令[如说明、交战规则(ROE)、电磁频谱控制计划、电磁频谱控制命令、特殊说明等];监控和评估联合部队电子攻击活动,并在必要时进行调整。

[2] 频率分配授权主要用于联合作战区域内除电子攻击以外的电磁传输,由联合部队司令部直接负责或由其指定代表负责。日常的频率分配授权通常委托联合电磁频谱作战办公室主任执行,但在执行局部或战术任务时,也可委托下属部队或机构负责人执行。具体工作包括:参与制订电磁频谱协调措施(如联合限制频率清单);确保与电磁频谱协调措施保持一致;获取并保持对作战地域内除电子攻击以外所有电磁信号的态势感知;提议电磁频谱作战优先事项;协调新用频系统的接入;协调军种电磁信号(非电子攻击信号)发送需求;监控联合部队电磁信号(非电子攻击信号)传输活动,为频率协调提供参考,并在必要时进行调整。

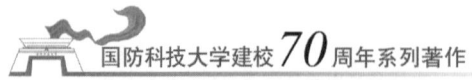

沟通，统筹协调所有部门的电磁频谱使用需求；在作战实施阶段，则重点关注联合作战地域（JOA）内的电磁频谱作战管理工作。

（二）联合电磁频谱作战办公室

美军战区司令部及其下属联合部队司令部各级都分别设立了联合电磁频谱作战办公室，作为联合电磁频谱作战计划、协调、实施和评估的具体执行机构。根据电磁频谱控制委员会的授权，联合电磁频谱作战办公室负责统一指挥所属部队的电磁频谱作战行动，管理所属部队所有与电磁频谱相关的行动，确保在电磁频谱领域行动的协调一致。美军要求，联合电磁频谱作战办公室必须保持与军种（职能）组成部队和多国部队电子战/电磁频谱管理机构、国防部电磁频谱作战相关机构及重要人员（如军种联络官）之间的密切联系，并在平时训练和演习的计划、实施和评估中，对贯穿全程的沟通、联络与协调机制进行探索并不断优化。

1. 联合电磁频谱作战办公室人员构成

美军联合电磁频谱作战办公室成员主要由电磁频谱监测（如信号情报、电子战支援）、通信（如电磁频谱管理、频率分配）、攻击（如电子攻击）和管理（如电磁频谱数据库管理和电磁频谱建模）等领域的专家组成，其常设岗位一般包括：主任、电磁数据库管理员、数据融合分析员、电磁建模分析员、电磁频谱管理员、电子战军官、情报集成分析员、目标指引员、作战评估员和工程师等。

美军明确，战区司令部联合电磁频谱作战办公室只负责联合电磁频谱作战的总体指导，具体作战计划和实施职责一般由其授权下属联合部队（如联合特遣部队JTF）司令部联合电磁频谱作战办公室负责。因此，不同层级的联合电磁频谱作战办公室人员构成可能略有差异。战区司令部联合电磁频谱作战办公室更注重战区层面相对稳定的联合电磁频谱作战总体计划、协调和指导人员的编成，而下级联合电磁频谱作战办公室更突出持续性作战计划和执行人员的编成。但在所有层级，其核心成员都应包括信号情报收集管理人员、电磁频谱管理人员、电子战军官、电磁频谱数据库管理人员等，以保证任务遂行最基本的人力储备。

此外，为保证与联合部队下属军种或职能部门及其他支援机构之间的协调，联合电磁频谱作战办公室还会视情况编入上述部门或机构派遣的相关代表，主要包括导航战代表、电子－光学－红外代表、空间控制代表、定向能代表、反简易爆炸装置代表、网络空间作战代表、联合接入控制军官、通信计划人员、卫星通信（SATCOM）计划人员、军事信息支持作战（MISO）／军事欺骗（MILDEC）代表、军种或职能部队联络官和系统联络官等。

2. 联合电磁频谱作战办公室编制结构

根据 JP 3－85《联合电磁频谱作战》，联合电磁频谱作战办公室将在主任的领导下，下设数据融合与分析组、计划组、作战组和评估组。其典型编制结构如图 3－1 所示。

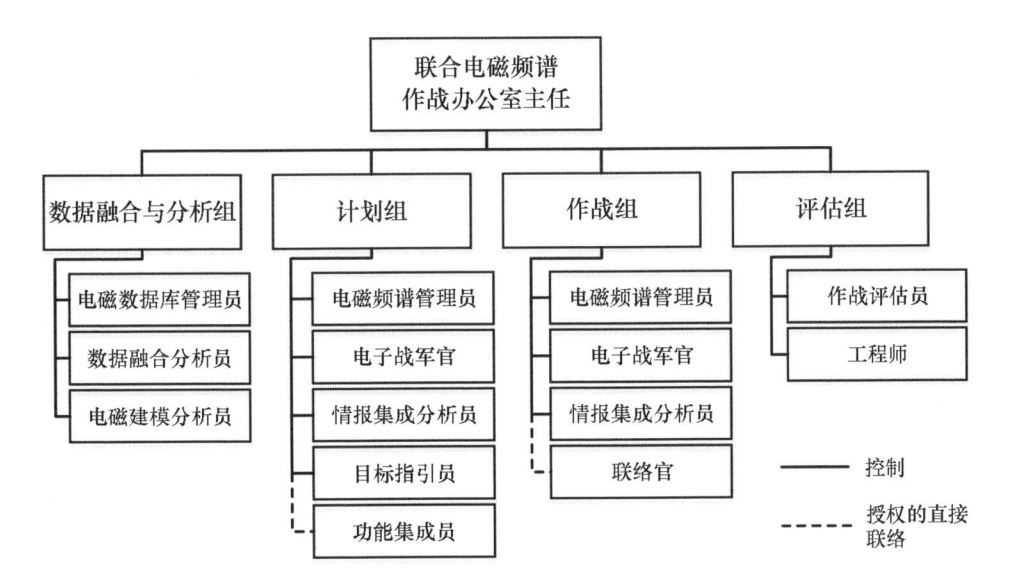

图 3－1　美军常设联合电磁频谱作战办公室典型编制结构

其中，联合电磁频谱作战办公室主任是指挥员在电磁频谱领域相关事情的主要顾问，也是电磁频谱控制委员会的代表，负责联合部队司令部电磁频谱活动的统一指挥。通常情况还可编配一名副主任。

数据融合与分析组主要负责联合部队参谋部、下属部队和外部机构间电磁频谱相关数据的处理、管理、分析和协调。

计划组主要负责提供联合电磁频谱作战计划技术支持（电磁频谱管理、电子战、情报），并将联合电磁频谱作战需求融入联合作战计划。同时，还需将联合电磁频谱作战主要用频需求（如监测、通信和攻击）与其他任务领域（如空间作战、信息作战、网络空间作战等）、下辖部队的用频需求进行融合，并提供电磁频谱作战备选目标。

作战组主要负责提供联合电磁频谱作战核心技术支持，并将联合电磁频谱作战需求融入联合作战计划。该组成员可包括其他部门或下辖部队的联络官（包括多国部队人员），并根据需要协调当前作战和支援计划。

评估组主要负责收集并分析联合电磁频谱作战相关数据，促进联合电磁频谱作战计划和实施。

3. 联合电磁频谱作战办公室职能任务

JP 3-85《联合电磁频谱作战》明确指出，各级联合电磁频谱作战办公室成立后，在战区层面将接管原电子战参谋机构的所有职权和联合频率管理办公室电磁频谱管理、频率分配、用频计划及指导的职权，仅保留联合频率管理办公室与本国及东道国相关机构协调用频需求的职责；在联合部队层面将全面接管原联合频谱管理分队和电子战办公室的所有职权。

条令还明确了各级联合电磁频谱作战办公室的具体职能任务，包括：确保联合电磁频谱作战对当前联合作战计划的支持；准备联合电磁频谱作战评估，制订作战计划（OPLAN）、概念计划（CONPLAN）、作战命令（OPORD），明确作战命令执行权限；制订夺取制电磁频谱权的策略，促进所属司令部完成作战任务；明确、完善电磁频谱目标要素，支持所属司令部完成作战任务；实施、管理联合电磁频谱作战政策和命令；制订、修订应急联合电磁频谱作战需求和资源/行动方案（COA）；与东道国协调 J-5、J-6[①]用频需求；对下属司令部电磁频谱作战计划、实施和评估全流程进行监督并提供专业指导；明确并制订情报需求，以支持联合电磁频谱作战；与 J-2 协调，掌握电子攻击情报，包括目标的物理损失，并向 J-3 提供用频优先级排序建议；持续评估所属司令部既有电子战资源（包括数量、类型和电子战装备战备状态），分析实现作战指挥官作战任务所需资源；作为联合电磁频谱作战代表，参与所属司令部参谋机构和相关跨职能参谋机构工作；使用建模、仿真和分析工具，预测友军和敌军联合电磁频谱作战行动对联合和多国部队作战的影响；协调联合应急作战电磁频谱需求；协调用频系统接入联合作战地域；指导、协调用频冲突消除行动；代表电磁频谱控制委员会全权负责频率分配；协调和监控电子战实施；根据所属司令部的优先原则，协调所有部队用频需求；为联合电磁频谱作战计划和实施的数据建档，归纳总结联合电磁频谱作战经验教训；负责联合电磁频谱作战的协调、计划和实施；制订、协调和发布电磁频谱协调措施（如联合限制频率清单）；根据《联合频谱干扰消除程序》和《联合频谱干扰消除》，实施联合频谱干扰消除行动；维护通用用频数据库，加强部队电磁频谱使用的计划、协调和控制；制定、协调和发布电磁频谱控制计划和电磁频谱控制命令；为联合电磁频谱作战提供指导和流程依据；制定并颁布司令部电磁作战管理标准和程序；在作战准备和实施全程提供电磁环境态势等。

（三）电磁频谱作战办公室

电磁频谱作战办公室是美军联合部队下属职能或军种组成部队司令部负责支持联合电磁频谱作战具体行动实施的专门机构。美军条令规定，在联合电磁频谱作战办公室组建之前，军种或职能组成部队电磁频谱作战办公室可

[①] 美军联合参谋部、战区司令部和各级联合部队司令部各参谋机构一般以 J-1 至 J-8 为代号。其中，J-1 为人事部门、J-2 为情报部门、J-3 为作战部门、J-4 为后勤部门、J-5 为战略规划与政策部门、J-6 为 C^4 系统部门、J-7 为作战计划与互操作部门、J-8 为部队编制与资源评估部门。特殊情况下还会设立 J-9 军民事务部门。

代行联合电磁频谱作战集成职责。一旦联合部队司令部联合电磁频谱作战办公室组建完成，应随即配属联合部队司令部，并尽可能与其部署于同一地点。军种或职能组成部队电磁频谱作战典型组织架构如图 3-2 所示。

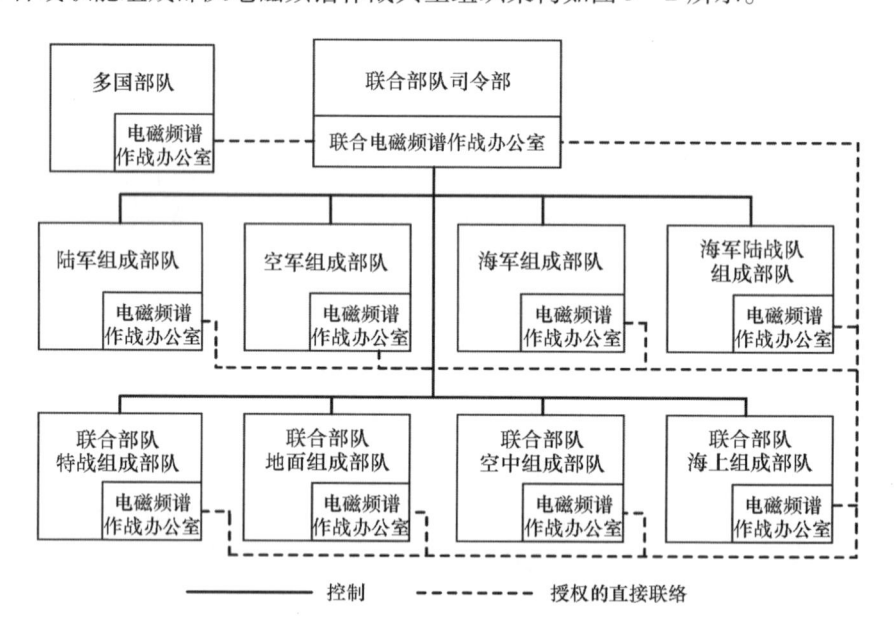

图 3-2　军种或职能组成部队电磁频谱作战组织架构

（四）各级司令部及其参谋机构

除了战区各级司令部设立的专职组织机构外，战区各级司令部及其参谋机构也相应承担部分联合电磁频谱作战指导及支持职责。

1. 战区司令部及其下属联合部队司令部

战区司令部及其下属联合部队司令部负责制定其任务区内电磁频谱作战的相关政策指导，明确任务区内电磁频谱运用方式，与东道国协调并获取东道国频谱使用许可，明确执行任务期间所属部队的电磁频谱使用权限，支援任务区内所属部队及机构获取战场制电磁频谱权。

（1）指挥官

战区司令部及其下属联合部队司令部指挥官在电磁频谱作战领域的具体

第三章 美军联合电磁频谱作战组织机构及职能

职能任务主要包括：一是制定颁布相关政策，指导联合电磁频谱作战计划与实施；二是确立常设的联合电磁频谱作战组织架构（包括联合电磁频谱作战办公室）及相关程序；三是确保联合电磁频谱作战计划能够为部队的联合电磁频谱作战协调、数据交换、消除重复工作、相互支持提供支撑，并尽可能降低对友军的电磁干扰；四是确保联合电磁频谱作战计划能提高联合电磁频谱作战办公室工作效率，为联合电磁频谱作战提供支持；五是在下级部队无法确定电磁频谱用户的优先排序时，负责确定排序；六是与外军部队和民事机构保持紧密联系，确保在联合计划、作战、训练和演习中相互支援；七是负责解释联合通信电子操作说明（JCEOI）、电磁频谱控制命令和电磁频谱政策；八是确保相关程序和政策有利于用频系统的防护与使用；九是制定与电磁频谱协调措施（如联合限制频率清单）相关的政策指导。

（2）参谋机构

美军战区司令部及其下属联合部队司令部参谋机构的各业务部门将依据各自业务领域，承担不同的联合电磁频谱作战支持任务。

人事部门（J-1）主要负责为联合电磁频谱作战办公室各岗位协调挑选符合条件、有经验的电磁频谱作战人员。

情报部门（J-2）主要负责：一是向联合电磁频谱作战办公室委派一名专职人员，作为J-2代表，参与电磁频谱使用计划、优先级排序、集成、同步、指挥和冲突消除；二是向联合电磁频谱作战办公室提供搜集情报时电磁频谱使用需求排序，包括联合限制频率清单和搜集计划；三是向联合电磁频谱作战办公室提供电磁空间态势信息，包括作战人员编成和敌军电磁频谱使用数据情报；四是协助联合电磁频谱作战办公室制订联合频谱干扰消除措施；五是将相应的情报系统融入联合部队司令部电磁频谱作战管理体系结构；六是为联合电磁频谱作战办公室提供电子攻击目标位置情报；七是为联合电磁频谱作战办公室提供东道国或战场电磁频谱使用情况的情报信息。

作战部门（J-3）主要负责：一是制订联合部队电磁频谱使用的计划、优先级排序、集成、同步、指挥和冲突消除；二是制订策略辅助电磁频谱参谋人员评估和获取制电磁频谱权；三是批准电磁频谱控制计划及相关文件

（如联合限制频率清单、联合通信电子操作说明）；四是批准电磁频谱控制命令；五是在资源不足时，对已有电磁频谱作战系统的用频需求进行优先级排序；六是为消除联合用频冲突提供用频排序指导；七是批准相关技术指南，并依据指南管控有害的电磁辐射；八是在设立部队编制与资源评估部门（J-8）之前，确保能向上级部门反馈联合部队电磁频谱能力需求；九是在没有其他具体规定时，授权联合电磁频谱作战办公室主任按要求负责日常联合电磁频谱作战组织与实施；十是为 J-2 提供优先联合电磁频谱作战情报需求；十一是将联合电磁频谱作战融入联合作战计划。

后勤部门（J-4）主要负责根据联合电磁频谱作战办公室的规定，协调重要部队的关键电磁装备配发，优化力量使用。

战略规划与政策部门（J-5）主要负责：一是与联合电磁频谱作战办公室协调，确保联合电磁频谱作战融入联合作战计划；二是在没有既定程序时，根据需要为 C^4 系统部门（J-6）建立预先计划协调渠道，负责与东道国和多国联盟电磁频谱机构协商电磁频谱的使用。

C^4 系统部门（J-6）主要负责：一是向联合电磁频谱作战办公室委派一名专职代表，参与联合部队用频计划、排序、集成、同步、指挥和冲突消除；二是与联合电磁频谱作战办公室协调，确定联合部队通信网络用频需求；三是协助联合电磁频谱作战办公室处理频谱干扰或破坏事件；四是协助联合电磁频谱作战办公室建设并维护电磁频谱数据库；五是通过战区司令部 J-6，与东道国电磁频谱管理机构商讨军事用频事宜；六是向 J-2 提出优先情报需求；七是集中管理、指导联合通信网络运维；八是向联合电磁频谱作战办公室提出通信用频需求；九是在联合作战和演习中，管控所有已部署的通信系统。

部队编制与资源评估部门（J-8）主要负责与联合电磁频谱作战办公室协调，查找能力不足和需求，并向总部或本土主管部门提出初步资源或采办需求。

气象与海洋办公室主要负责向联合电磁频谱作战办公室提供可能影响电磁频谱作战的大气层与空间气象信息（如大气干扰、电离干扰或太阳能效应等）。

2. 联合部队下属职能或军种组成部队司令部

美军联合部队下属职能或军种组成部队司令部在电磁频谱作战领域的职责主要包括：一是建立一个电磁频谱作战办公室，负责与上级联合电磁频谱作战办公室协调本级司令部的电磁频谱作战计划；二是对用频需求进行优先级排序、整合和论证，并向上级联合电磁频谱作战办公室报告；三是接收本级电磁干扰报告，识别并消除干扰；四是提出最优化的电磁频谱作战力量编成模式及运用建议，以获取并保持在联合作战地域内的制电磁频谱权。

二、军种组织机构及职能

美军各军种在电磁频谱作战领域具有不同的力量组织模式，分别组建各自的电磁频谱作战组织机构，为各军种电磁频谱作战计划与协调提供支持。

（一）陆军电磁频谱作战组织机构及职能

近年来，美国陆军在整合电磁频谱作战职能方面进展较快。目前，从战区陆军组成部队司令部到旅级部队都已建立网络电磁行动[①]参谋小组，统一负责网络空间作战、电子战、频谱管理等行动的计划、集成和同步，并将其融入联合作战行动，促进联合部队指挥官作战意图的达成。在联合部队下属陆军组成部队，该小组将作为联合电磁频谱作战直接联络机构，与所有联合和多国部队电子战参谋人员相互协调，为联合电磁频谱作战的组织实施提供支撑。

美国陆军网络电磁行动参谋小组是战区陆军军种本级、军、师和旅参谋机构的重要组成部分。通常由一名电子战军官领导，成员包括电子战、通信和情报参谋人员，以及频谱管理和网络空间规划人员等。指挥官根据任务需

---

① 美国陆军使用的"网络电磁行动"概念，是指获取、保持并利用在网络空间和电磁频谱领域相对于敌方的优势，同时拒止和破坏敌方的相应能力，以保护任务指挥系统。其行动样式包括网络空间作战（CO）、电子战（EW）和频谱管理行动（SMO）。

求、力量来抽调参谋人员。在跨军种联合、多国部队联合或跨政府合作条件下，指挥官可对参谋机构进行重组，以便与上级部门保持一致。

此外，与战区司令部设立电磁频谱控制委员会的初衷类似，美国陆军旅以上部队也常在必要时设立网络电磁行动工作组，作为网络电磁行动参谋小组的补充，加强电磁频谱作战协调，并促进其与其他作战行动的同步。其职能任务主要包括：一是将网络电磁行动及相关行动融入联合作战计划；二是在电子战办公室领导下，以合作的方式，对特定目的、事件或职能进行分析、协调，并提出建议；三是通过横向与纵向相结合的方式开展协调，在作战计划与目标选择阶段，消除冲突并交付所需资源，为联合地面作战提供支持。

作为非常设机构，网络电磁行动工作组的成员来源可包括：情报参谋、通信参谋、作战计划参谋、民事行动参谋、火力支援军官、空间支持小组、军法署署长代表（或相应法律顾问）和联合终端攻击控制人员等。

（二）海军电磁频谱作战组织机构及职能

美国海军联合电磁频谱作战样式和基本概念是电磁机动战，即通过开展对战场电磁空间的态势感知、评估和监控活动及其他相关活动为海军提供战略优势，确保海军在任务领域的行动自由。美国海军电磁频谱作战组织机构主要包括海军电磁频谱作战小组、海上作战中心和海上作战中心电磁频谱作战办公室。

1. 海军电磁频谱作战小组

根据联合部队海军组成司令部的计划，美国海军电磁频谱作战小组负责与下属各办公室密切合作，以获取制电磁频谱权。联合部队海军组成司令部或由其委派的海军电磁频谱控制委员会，利用电磁频谱作战小组执行或参与执行电磁频谱命令，支持联合电磁频谱作战和响应海军电磁频谱作战的具体需求。

2. 海上作战中心

美国海军组成部队指挥官（NCC）、编号舰队指挥官（NFC）在海上作战中心（MOC）的协助下，负责与其他军种组成部队指挥官和战区指挥官进行协调，为下属部队提供作战条件并将电磁机动战融入联合作战计划。美国海军海上作战中心还负责向下属部队推送情报信息，支援下属部队作战行动，避免电子发射控制期间的威胁。同时还需推送气象海洋数据等其他信息，确保部队能在电子信号发射限制条件下持续作战。

依据联合电磁频谱作战的战略和战役指导，美国海军海上作战中心与下属部队共同实施电磁机动战的计划、协调和同步。该中心负责电磁机动战管理/指挥控制，使海军组成部队指挥官和编号舰队指挥官能在战场电磁空间中开展动态计划、指导、监控和评估活动，具体行动包括：在总部和支援/被支援部队间维持可靠连接（空天指挥控制）和互操作；在恶劣的通信环境中实施有效指挥控制；生成网络化的电磁频谱作战相关通用作战视图，提供所有用频系统（包括友军、敌军和中立部队）态势感知；协调跨系统/跨平台作战，包括下级部队的作战；使用任务式指挥，促进下级指挥官能根据上级指挥官意图独立行动，并实施必要的跨系统/跨平台作战。

3. 海上作战中心电磁频谱作战办公室

在联合部队司令部的指挥控制下，美国海军海上作战中心电磁频谱作战办公室负责向联合电磁频谱作战办公室和联合频谱管理办公室（海军和海军陆战队频谱办公室）提出海军电磁频谱作战需求，并协调所有海上电磁频谱作战事宜，包括修订联合限制频率清单，报告和实施在线联合频谱干扰消除。当打击群或部队独立作战时，海上作战中心通过相关程序对平时战区的所有作战进行控制，并授权打击群或部队指挥官实施作战控制和协调。

美国海军海上作战中心电磁频谱作战办公室的电磁频谱技术和战术专家小组为所有用频系统制订、分析和实施电磁频谱计划，支持海军在电磁作战环境中的作战目标，提升战备能力。办公室通过己方部队监控、电磁控制核验、电磁干扰消除技术、东道国限制、联合限制频率清单协调、联合频谱干扰消除在线报告和气象海洋支持请求，支持海上用频系统的战术使用。

（三）海军陆战队电磁频谱作战组织机构及职能

美国海军陆战队电磁频谱作战组织机构包括海军陆战队作战开发与集成

司令部，海军陆战队指挥、控制、通信和计算机系统部，海军和海军陆战队频谱办公室，海军陆战队空地特遣部队电子战协调办公室等机构。

1. 海军陆战队作战开发与集成司令部

美国海军陆战队作战开发与集成司令部是海军陆战队电磁频谱作战的重要支持机构，负责与作战部队、支援机构和任务伙伴进行协调，确定远征网络空间和电子战能力方案，明确优先事项，并集成相关条令、机构、训练、物资、领导、教育、人员、设施、作战空间能力以及联合需求。海军陆战队电磁频谱作战需求由作战开发与集成司令部、陆航总部和作战部队共同明确。

2. 海军陆战队指挥、控制、通信和计算机系统部

美国海军陆战队指挥、控制、通信和计算机系统部主任/海军副首席信息官，负责签发海军陆战队电磁频谱政策，并监督电磁频谱使用、需求和作战。美国海军陆战队指挥、控制、通信和计算机系统部负责制定海军陆战队相关政策和电磁频谱领域相关程序；根据海军陆战队电磁频谱作战需求，为作战部队和支援机构提供管理、技术和作战支持。海军陆战队将按照《海军陆战队电磁频谱管理与使用》等政策管理和使用电磁频谱。

3. 海军和海军陆战队频谱办公室

美国海军和海军陆战队频谱办公室（NMCSO）是海军和海军陆战队的主要地区性办事机构，为所有海军部队、基地及海军用户的电磁频谱管理提供支持，负责协助所有海军部队、基地及用户在所处地区/作战地域内申请战术与非战术频率分配。

4. 海军陆战队空地特遣部队电子战协调办公室

虽然美国海军陆战队正评估各种电磁频谱作战参谋机构的组织形式，但目前条令明确的负责海军陆战队空地特遣部队电子战管理活动协调和冲突消除的主要参谋机构仍然是参谋部所属电子战协调办公室。美军还强调，为加强对上协调，该机构还可向联合部队电子战参谋机构或联合电磁频谱作战办公室派驻联络小组。此外，空地特遣部队的频率管理，主要通过制定军种限制频率清单，明确因各种原因不能使用的友军和敌军频率。

第三章 美军联合电磁频谱作战组织机构及职能

（四）空军电磁频谱作战组织机构及职能

美国空军指挥官通过空军军种组成部队通信处（A-6）和电子战协调办公室（EWCC）为联合部队提供电子战和电磁频谱管理支持。电子战协调办公室作为空军作战中心的下设机构，负责协调和集成所有空中作战电子战和频谱管理的计划、实施和评估。

（五）海岸警卫队电磁频谱作战组织机构及职能

美国海岸警卫队联合电磁频谱作战行动，如电磁机动战，包括监控、评估和提供情报产品。其电磁频谱作战计划和实施需要与其他机构进行协调。

美国海岸警卫队通信政策部部长办公室是海岸警卫队负责频谱政策和装备认证相关事务的军种办公室，由负责任务支持的副部长及海岸警卫队首席信息官管理；美国海岸警卫队指挥、控制、通信、计算机和信息技术服务中心野战业务部/频率管理分部主要负责无线电频谱管理，代表海岸警卫队与民事、军队和国家管理机构协调频谱管理事宜，对海岸警卫队内的频谱管理活动进行指导，制定和贯彻相关条令，分配频率资源并分派任务，为海岸警卫队遂行任务提供支持。美国海岸警卫队地区司令部在美国各地都设有首席频谱管理员，负责其指定任务区域内所有海岸警卫队部队、基地和特殊用户的频谱管理。

（六）国民警卫局电磁频谱作战组织机构及职能

美国国民警卫局可随时提供战备部队（陆军国民警卫队和空军国民警卫队）协助地方、州和国家机构遂行日常任务、应急任务、重大事故救援以及国土防御/地方国防支援机构行动。美国现役国民警卫队通常由州长控制，但当划归联邦政府管辖时，则由其所属战区司令部（通常是美国北方司令部或美国太平洋司令部）指挥。

美国国民警卫局频率管理分部（SMB）是国民警卫局指定的频谱管理机构。国民警卫局J-6是国民警卫队州联合部队总部（NGJFHQ-State）的频谱管理机构,也是国土防御行动中美国北方司令部与使用频谱的其他联邦机构之间的沟通联络机构。美国国民警卫局频率管理分部是州和本土无线电频率主管机构,在实施国内行动时,负责协调跨州、跨地区频谱工作。该机构还负责发布国民警卫队互操作野战指南,为地面移动无线电台使用、国民警卫队联合事故现场通信系统装配及其他国民警卫队具体通信装备使用提供指导。

美国国民警卫局频率管理分部还将设立国民警卫队频谱应急小组。该小组将作为一个联合频谱管理小组,配属被支持的 J-6 部门,根据更高级别管理机构的有关规定,负责制定并贯彻执行相关政策和程序,监督无线电频谱的军事使用。

美国国民警卫队州联合部队总部频谱管理人员应该依据现行程序,确保其指定频谱资源的统一使用。如果任务区域涉及多个州,联合部队司令部及其参谋机构要确保各州的行动与国民警卫队州联合部队总部频谱管理人员和州应急行动中心的协调,以保证行动统一,避免电磁频谱干扰。

三、支援机构及职能

美国许多政府部门和其他军队机构都可为联合电磁频谱作战提供支援,促进联合电磁频谱作战的协调、同步和冲突消除。

(一)电磁空间分析中心

美国电磁空间分析中心隶属国家安全局(NSA)信号情报部门,其核心任务是为各战区司令部及其下级司令部的电子战行动提供情报保障。电磁空间分析中心(ESAC)能够以用户特定的情报需求为基础,为电子战用户提供有针对性的全源情报分析。该中心是一个联合中心,可从国防部和情报界收集情报,经过处理后生成面向用户定制的情报产品。电磁空间分析中心的分析人员通过与其他领域专家进行合作,访问其他数据源和分析工具,为作战人员指挥决策提供情报信息。

其具体职能主要包括:一是为战区司令部提供敌方电磁空间的全频谱视

图，为制订作战行动方案奠定基础；二是为作战筹划人员、战术行动人员、电子战系统研发人员、建模与仿真团队提供定制的情报保障和技术分析专业知识，以满足作战需求；三是为战场态势生成和作战目标确定提供情报信息。

（二）全球定位系统运行中心

全球定位系统运行中心（GPSOC）是美军专门负责为用户提供 GPS 信息的中心。美国战略司令部下属的太空联合职能司令部（JFCC–Space）通过联合太空作战中心，对全球定位系统运行中心行使作战控制权（OPCON）。

GPSOC 的核心职能任务是操作、维护和运用 GPS 系统，保障军事、民用和跨国行动。具体包括：一是提供最优化 GPS 行动保障，全面同步和保障作战司令部指挥官需求及作战重点；二是构建实时严密的性能监控与上报机制，保证各指挥层级能够使用通用态势图（COP）实现全面态势感知，同时需要与其他定位、导航与授时（PNT）服务进行作战协调；三是将 GPS 导航战（NAVWAR）行动与常规军民用 GPS 行动进行全面的综合集成、统筹协调、冲突消除，力求实现作战效能最大化、负面影响最小化；四是快速提供 GPS 时敏产品与服务，确保 GPS 服务对作战行动的支持；五是快速分析、判断并解决用户上报的 GPS 运行中断或干扰问题。

此外，在联合电磁频谱作战领域，美军全球定位系统运行中心的核心职能主要包括：一是利用数据库，提供作战部队 GPS 技术特征的相关数据，以筹划电子防御行动；二是提供覆盖美国国防部、其他政府机构、私营企业或组织使用的 GPS 接收器和增强设备的相关信息，为电子战筹划人员和电磁频谱管理员提供支援；三是协助电子战筹划人员制订行动方案（COA）中的电子防御方面与 GPS 频率相关的内容，并为授权用户提供 GPS 信息接入口；四是运用国家地理空间情报局（NGA）研制的 GPS 干扰机定位系统实施监控，协助电子战支援（ES）行动；五是综合运用全球定位系统干扰与导航工具（GIANT），预测 GPS 干扰对 GPS 接收机产生的影响；六是利用全球定位系统干扰与导航工具产生的附加信息，预测美军系统的互扰情况以及美军运用电子进攻手段阻止敌方使用 GPS 频率的能力；七是使用 GPS 干扰机定位系统，实施信息分析或异常分析，协助解决受干扰问题；八是利用有关干扰事件及其解决方案的历史数据库，协助解决重复性问题；九是为各作战司令部、下级联合司令部、联合特遣部队及下属部队解决可疑的 GPS 干扰、冲突和异常问题提供支援。

（三）战略司令部联合电子战中心

美军联合电子战中心是美国战略司令部的电子战组织机构，其任务是通过联合训练、筹划、作战保障和评估，促进对电磁频谱的作战控制。

在联合电磁频谱作战领域，美军联合电子战中心的职能任务主要包括：一是作为国防部在联合电子战相关领域的核心智库，支持国防部长、联合参谋部、各作战司令部司令、联合部队指挥官和盟国；二是为加强电磁频谱控制，推动联合电子战条令、组织、训练、物资和人才队伍的建设发展；三是为联合部队指挥官组织作战行动、测试和演习活动提供先进的电子战分析保障，包括电子战分析与任务制订，为空基、陆基和海基用频系统提供无线电频率传输和三维地形建模与仿真；四是维持一支快速部署的电子战分队，确保联合部队指挥官的快速响应能力；五是作为国防部监管联合电子战训练的领导机构，开设"联合电子战战区行动"（该课程是联合电子战军官资质认证的必修课）等专业培训课程，旨在将军种电子战专家培养成战区电子战参谋军官，并使其具备为联合部队指挥官构建电磁作战环境的能力；六是跟踪当前美国及敌对国家电子战技术、系统的发展现状，包括电磁频谱领域战术、技术和程序的运用情况，监控和评估可能会出现的影响；七是与各类实验室、联合和军种分析中心、武器学校、战斗实验室、智库中心、美国与多国电子战团体以及学术界进行密切合作，针对作战环境中现有和未来即将出现的电磁目标，探索创新电子战运用方式和能力概念；八是对电子战能力发展和联合部队需求进行监管和支持，明确当前的能力差距和电磁频谱技术的发展趋势，针对近期和长期问题，为各军种、各作战司令部及其他机构提供解决方案，以弥补差距和不足；九是协助作战指挥官对不断变化的电子威胁进行识别、确认和分发，对电子战重组进行协调，并以参谋长联席会议主席指令

CJCSI 3320.04《联合电子战重组政策》为依据，促进联合电子战重组数据在情报界、各军种、各作战司令部之间的交换；十是作为联合参谋部的执行机构和技术顾问，对美国在北约电磁辐射数据库中的参与情况进行管理，并依据参谋长联席会议主席手册 CJCSM 3320.04《电子战对联合电磁频谱作战的支援》，对美国电磁系统数据库履行管理与协调职能。

此外，联合电子战中心还下辖一支电磁假想敌部队（OPFOR）。该部队（红军小队）通过模拟现实电磁作战环境，建立敌方和民用基础设施镜像（包括无线网络/计算机、移动电话基础设施、卫星通信和对讲机等），并使其成为电子战部队训练的攻击对象。依托电磁假想敌部队开展模拟对抗演练，可增强美国国防部/政府的电子战应急处置能力，提升其对战术、技术和程序的运用能力。同时，还可提升美军电子战部队的无线电测向（DF）、通信截获、无线电频段脆弱性评估、特种技术行动（STO）验证、电子战效果验证等能力。电磁假想敌部队为美军在复杂电磁作战环境下开展正常的电磁频谱行动提供关键要素，并保障相关战术、技术和程序的制定，实现作战环境中陆、海、空电子战设备的综合集成。

（四）联合导航战中心

联合导航战中心（JNWC）隶属美国战略司令部的太空联合职能司令部，主要任务是提供战役级联合作战保障，是所有导航战相关事务的智库中心。其具体职能任务包括：整合、协调美国国防部内的定位、导航与授时能力；协调、指导和上报导航战的测试与集成，并针对定位、导航与授时能力短板（含所有陆基和空基的用户装备、平台及装备扩充）提出相应的战术、技术和程序；向指挥官提出有关导航战重要事项的意见和建议。

在联合电磁频谱作战领域，美军联合导航战中心的职能主要包括：为作战人员和联合部队指挥官搜集其关注的导航战相关信息（敌方能力评估信息、多国能力与限制评估信息、特定的电子战信息）；主动向作战人员、联合部队指挥官、联合及军种训练机构分发导航战相关信息；在有关导航战方面，对电子战支援系统能力、电子进攻系统技战术与程序、电子防御漏洞进行分析和测试，并向联合参谋部、作战人员、施训人员和武器系统研发人员提出意见和建议；针对不断变化的导航战威胁，提供独立的电子战实装测试；将情报、监视与侦察（ISR）、信息作战和太空作战领域内导航战的定位、导航与授时能力进行综合集成。

1. 联合导航战中心导航战保障单元

在作战筹划与实施阶段，美军联合导航战中心导航战保障单元可针对导航战相关问题，为作战人员提供作战推演能力（包括 GPS 干扰的建模与仿真、访问导航战相关知识库、当前特定国家的导航战威胁简报和作战筹划人员咨询等）。导航战保障单元是美军联合导航战中心的参谋团队和决策执行团队，可根据授权命令为上一级指挥部（HHQ）和战区联合司令部提供支援。其具体职能任务包括：为作战指挥官、太空联合职能司令部提供战役级保障建议；协助回复信息需求；完成上一级指挥部下达的任务；协助进行电磁干扰事件信息收集与分析；协助作战筹划人员制订综合导航战计划。

2. 联合导航战中心战区导航战协调单元

联合导航战中心战区导航战协调单元（TNWCC）是一个依照美国战略司令部参谋团队设置的筹划保障部门，主要负责为战区作战指挥官/联合部队指挥官在空间、电子战、网络空间、情报侦察与监视等领域实施导航战行动提供筹划和指导。美军联合导航战中心的各个战区导航战协调单元应与其保障的任务区域保持密切联系。美国战略司令部指挥官下达命令之后，战区导航战协调单元就将成为联络官/扩编团队（L/AT）的一个组成部分，或者成为作战司令部司令/联合部队指挥官参谋部的一个独立分队参与部署任务。当作为联络官/扩编团队的一部分参与部署任务时，美国战略司令部指挥官对所有联络官/扩编团队实施作战控制。当作为参谋部的一个独立分队参与部署任务时，由太空联合职能司令部对战区导航战协调单元实施作战控制。

（五）国防信息系统局

美国国防信息系统局（DISA）在参谋长联席会议主席（CJCS）、国家安全局（NSA）和国防情报局（DIA）的协调下，为美国国防部提供网络安全保障，为国防部信息网络（DODIN）提供工程、架构和配置保障，并负责采购所有商用的卫星通信资源。在美国战略司令部司令的指导下，国防信息系统局作为战略司令部固定的卫星通信系统专家部门，负责商用卫星通信和国防部网关的保障工作。国防信息系统局的核心职能任务主要包括：指导国防部信息网络行动，提供防御协作服务，在全球和企业层面上进行故障恢复的筹划、缓解和执行；提供、维护并确保指挥控制体系的信息共享，提供一整套全球可访问的企业级信息基础设施，直接保障联合部队、国家领导者及其他伙伴国家；为国防部网络中心信息环境提供相关标准、互操作能力测试、频谱保障和冲突消除以及集成化的研发架构。

国防部信息网络联合部队司令部（JFHQ – DODIN）是美国网络空间司令部（USCYBERCOM）下属的一个作战司令部，负责统一指挥与实施对国防部信息网络的安全保护、操作运行和防御行动，能够提供态势监控、行动筹划和决策制定服务。国防部信息网络联合部队司令部指挥官，对各级信息网络实施作战控制，通过制订防御性网络空间作战的内部防御措施，保障美国网络空间司令部的全球信息网络防护任务。

国防部信息网络联合部队司令部在联合电磁频谱作战领域的相关职能任务主要包括：一是保证横向协调、信息共享和行动同步；二是协助联合电磁频谱作战筹划人员在国防部信息环境的行动与防御方面达成一致。

（六）国家安全局/中央安全局

国家安全局（NSA）/中央安全局（CSS）的核心任务是保护美国的信号与信息系统，并提供敌方信号与信息系统方面的情报信息，其职责范围覆盖整个政府，为国防部情报界、政府机构、合作伙伴、部分盟国提供情报产品和服务。国家安全局/中央安全局也是作战保障机构，能为国防部提供特定的作战保障。国家安全局/中央安全局是美国政府（USG）中负责密码的领导机构，其任务范围既包含信号情报（SIGINT），又包含网络空间安全活动。该机构以对外情报为主要目的，负责为国防部相关组织提供信号情报和网络空间安全指导与协助，有利于搜集、处理、分析、生成和分发信号情报数据和信息。该机构还能够保障国家级和部门级任务，为完成国防部长（SecDef）赋予的军事行动任务提供信号情报保障。

国家安全局/中央安全局在联合电磁频谱作战领域的相关职能任务主要包括：一是建立、维护若干数据库，为电磁频谱作战筹划提供技术数据。国家安全局/中央安全局负责的数据库能够为联合电磁频谱作战筹划人员提供海量信息，涵盖通信、雷达、导航辅助设备、广播、识别等多个领域，包括国防部、其他政府部门和机构、私营企业或组织操控的大量系统等。数据库信息可通过搜索引擎来获取，并通过多种格式与媒体快速传输给联合电磁频谱作战筹划人员。二是协助联合电磁频谱作战办公室和联合电磁频谱作战参谋人员对用频活动进行协调、冲突消除和管理，并对网络空间安全提供保障。

（七）作战建模与仿真机构

随着信息技术的快速发展，作战建模与仿真手段在美军各层级的运用越来越广泛。在联合电磁频谱作战领域，美军依托所属相关部门和其他政府机构、承包商，共同开展联合电磁频谱作战建模与仿真，以有效解决联合电磁频谱作战系统研发、实装测试和作战训练的高成本问题，并准确评估联合电磁频谱作战能力和效果。其中美军参与联合电磁频谱作战建模与仿真的相关机构如表3-1所示。

表3-1　美军联合电磁频谱作战建模与仿真机构

类别	作战建模与仿真机构
联合	美国国防部建模与仿真办公室 联合电子战中心 联合作战分析中心 联合训练与仿真中心 联合频谱中心 士兵战备中心 联合作战中心

续表

类别	作战建模与仿真机构
陆军	航空与导弹司令部 国家地面情报中心 防空中心及学校 智库情报中心 陆军训练与条令司令部分析中心 陆军第 1 信息作战司令部 陆军电子试验场 陆军通信与电子司令部 智库网络中心 美国信号中心 国家仿真中心
海军	海军信息作战司令部 海军指挥与控制和海上监视中心 海军空战中心 海军研发实验室 海军建模与仿真办公室 海军航空作战发展中心 海军海洋测量办公室 海军分析中心 海军网络战司令部 空间与海战系统司令部 诺福克舰队气象中心 海军水面战中心
空军	空军建模与仿真局 空军研发实验室 空军国家航空航天情报中心 第 53 电子战大队 空军作战测试与评估中心 空军 A-9 部门 航空系统中心 生存能力与脆弱性信息分析中心 航空武器中心 航空航天指挥与控制局 航空系统中心仿真与分析部门 空军战争模拟中心

续表

类别	作战建模与仿真机构
海军陆战队	海军陆战队作战实验室 海军陆战队战斗研发司令部建模与仿真办公室 训练与教育司令部训练与教育能力部门 训练仿真部门 空地特遣部队司令部训练项目建模与仿真部门

上述作战建模与仿真机构在联合电磁频谱作战领域根据所承担职能任务的不同，总体上可划分为五大类别。

一是各类作战实验室、试验场，如陆军电子试验场、海军研发实验室、空军研发实验室和海军陆战队作战实验室等机构，主要利用模拟仿真，辅助制订电磁频谱作战系统测试计划，开发想定，配置测试装备、验证测试数据以及推广扩展测试结果。

二是各级作战司令部及其下属建模与仿真办公室，如联合作战中心、航空与导弹司令部、陆军通信与电子司令部、海军信息作战司令部、空军战争模拟中心等机构，主要利用模拟仿真，为作战司令部下属各级部队、机构及单兵开展电磁频谱作战训练提供保障，并辅助决策、拟制并评估作战计划、筹划作战任务等。

三是各类信息分析中心，如联合作战分析中心、海军分析中心、国家仿真中心等机构，主要利用模拟仿真，研究电磁频谱作战成本和作战效能，并为确定作战需求，分析军力构成，制订执行作战任务的战术、技术和程序（TTP）等提供辅助支撑。

四是各类武器系统研发部门，如航空武器中心、生存能力与脆弱性信息分析中心、航空系统中心、空间与海战系统司令部、海军陆战队战斗研发司令部建模与仿真办公室等机构，主要利用模拟仿真，保障电磁频谱作战武器系统工程的研发、设计、能力/脆弱性和生存能力分析与评估等。

五是各类情报中心，如国家地面情报中心、智库情报中心、美国信号中心、海军指挥与控制和海上监视中心、空军国家航空航天情报中心等机构，主要利用模拟仿真，辅助分析评估电磁频谱作战的原始情报资料，展开威胁预测、分析和评估等工作。

同时，不同层级的作战建模与仿真机构核心职能任务也有所区别。联合层级电磁频谱作战建模与仿真部门的核心任务主要侧重于多军种联合电磁频谱作战训练的建模与仿真。而军种层级电磁频谱作战建模与仿真部门的核心任务侧重于各军种电磁频谱作战系统与装备研发的建模与仿真。

四、多国部队组织机构及职能

在实施多国部队作战行动时，多国部队指挥官及其参谋机构将承担联合电磁频谱作战的相关职能任务。

（一）多国部队指挥官

多国部队指挥官负责通过 J–3 的电子战协调办公室为多国部队计划和实施联合电磁频谱作战进行指导。电子战协调办公室是任务区域内协调电子战资源的重要机构，是多国部队司令部内 J–3 人员不可或缺的重要部分，通过与 J–2、J–5 和 J–6 等密切沟通，能够实现对战区内所有电子战活动的计划与协调。电子战协调办公室的具体职能与联合电磁频谱作战办公室职能相同。

（二）多国部队参谋机构

在多国部队作战过程中，多国部队指挥官将指派参谋机构内相关参谋人员负责多国作战中联合电磁频谱作战资源管理。

1. 作战参谋军官

多国部队参谋部的作战参谋军官主要负责联合电磁频谱作战计划、联合电磁频谱作战行动与其他领域作战行动的协调工作。

2. 联合电磁频谱作战参谋

联合电磁频谱作战参谋主要职责是确保多国部队司令部能得到联合电磁频谱作战支持。除了联合电磁频谱作战办公室职责，联合电磁频谱作战参谋的职能任务还包括：一是确保多国部队司令部所有部门能够抽调合格的电子战军官，作为多国部队司令部联合电磁频谱作战参谋人员；二是督促多国部队司令部设立联合电磁频谱作战联络军官；三是在作战计划阶段与其他国家电子战军官协调，要求其承担与美军电子战军官相同的职责；四是为部队协调必要的联合电磁频谱作战通信联络，确保装备、密码设备和密钥物资及相关程序与多国部队协调一致；五是确保与多国部队参谋部所属情报处和密码支援大队保持联络，为联合电磁频谱作战提供情报支持，避免作战计划中的电子战目标情报侦察对友军情报收集行动的影响；六是在联合电磁频谱作战计划与监管中，考虑其他国家通信系统管理机构的相关程序，在制订联合限制频率清单时考虑联合电磁频谱作战指挥控制需求，在跟踪和调整联合频谱干扰行动时，与多国部队参谋部通信系统部进行协调；七是尽早向多国部队提供现有美国联合电磁频谱作战条令和计划指导方针；八是确保对电子战计划进行及时调整和支援。

3. 盟国电子战军官

盟国军队指挥官要向多国部队联合电磁频谱作战计划办公室指派合格的电子战军官。这些军官须熟知本国作战信号情报和联合电磁频谱作战需求、组织、能力、相关支援机构以及指挥控制关系。他们还必须被授权获取国家军事机密，并依据美国国家信息发布政策具有接收相关信息的资格。

第四章

美军联合电磁频谱作战计划与协调

美军认为，联合电磁频谱作战横跨所有联合功能和作战领域，行动样式复杂且相互交织。为此，必须对其进行周密的计划与协调，以在各参谋部门（主要包括 J-2、J-3 和 J-6 等）、各军种部队和多国部队之间，对电磁频谱活动进行优先级排序、集成和同步，从而避免友军互相干扰，达成并保持制电磁频谱权。同时，美军还强调，由于所有联合功能都高度依赖电磁频谱，在军事行动的所有阶段，都必须将联合电磁频谱作战作为计划与协调的重点。根据 JDN 3-16《联合电磁频谱作战》，美军联合作战司令部授权电磁频谱控制委员会负责统一指导，由联合电磁频谱作战办公室具体负责联合电磁频谱作战计划与协调工作，而作战行动由各部门和各部队分散实施，这既保证了联合电磁频谱作战的统一行动，又确保了其战术灵活性。

一、作战计划

与所有作战计划拟制流程类似，美军电磁频谱作战计划拟制的首要环节是任务分析。在此阶段，联合电磁频谱作战计划人员需要拟定一份参谋机构评估报告，并以该报告作为基础，确定获得制电磁频谱权的相关策略。在作战进程开发和分析中，确定部队当前电磁频谱支持能力也应以此报告为依据。当确定某一行动进程后，将依据评估报告制订联合电磁频谱作战相关附件，对作战各阶段中的电磁频谱行动任务、优先事项、政策、流程和程序等进行总体说明。随后，联合部队所属各单位将制订各自的电磁频谱作战计划，并提交联合电磁频谱作战办公室。在计划拟制过程中，联合电磁频谱办公室对所属各单位的电磁频谱计划及相关需求进行整合，确定行动顺序，并对其进行集成和同步，最终生成电磁频谱控制计划。修订后的电磁频谱控制计划是联合电磁频谱作战实施循环的起点，最终形成指导联合部队电磁频谱使用的电磁频谱控制命令。具体来讲，美军联合电磁频谱作战计划拟制的主要工作包括以下三个方面。

（一）评估需求并制订初步行动方案

美军条令规定，联合电磁频谱作战计划拟制的首要工作是实施联合电磁频谱参谋机构评估，主要目的是基于任务分析，统筹评估作战需求，并拟制初步行动方案。联合电磁频谱参谋机构评估旨在告知指挥员、参谋人员和下属司令部，联合电磁频谱作战将如何对任务提供具体支撑，以及行动方案的制订与选取。在行动方案制订及选取过程中，联合电磁频谱作战计划人员将为行动方案提供电磁频谱分析结果，同时完成其评估，并提出最能发挥联合电磁频谱作战支持功能的行动方案建议。计划人员应对影响任务遂行的关键点和困难予以明确。联合电磁频谱作战参谋机构评估报告要根据情势的发展，不断予以修订。表4-1为美军联合电磁频谱作战参谋机构评估的主要内容。

第四章 美军联合电磁频谱作战计划与协调

表4-1 美军联合电磁频谱作战参谋机构评估的主要内容

一、任务	（一）任务分析	1. 分析指挥官意图及其对联合电磁频谱作战的相关指导	
		2. 明确特定的、潜在的、必要的联合电磁频谱作战任务及其优先顺序	
		3. 明确联合电磁频谱作战目标，并预判可能达成的作战目标及潜在风险	
	（二）任务说明	1. 按照"何人、何事、何时、何地以及何原因（目的）"的原则，对联合电磁频谱作战进行描述	
		2. 针对联合电磁频谱作战的基本任务和目的，形成一个清晰、准确的任务说明	
二、态势与行动方案	（一）态势分析	1. 电磁作战环境的定义及特征描述	（1）物理域。地域、天气、民用设施和人类活动如何影响联合用频系统运用，以及友军部队产生的自扰互扰也会影响完成任务的关键能力，需要一并加以考虑
			（2）信息环境。在联合作战区域内，电磁频谱及其特性、分布和流动如何影响军事信息系统效能发挥
		2. 敌方分析	（1）对电磁频谱的依赖程度及潜在的脆弱性
			（2）支援作战行动的电磁频谱使用情况
			（3）侦获友军部队电磁频谱依赖性的能力
			（4）运用电磁频谱能力影响友军部队作战行动的能力
		3. 己方分析	（1）能够在电磁频谱环境内造成影响的联合、跨机构和多国设施装备的状态
			（2）对电磁频谱的依赖程度及潜在的脆弱性
			（3）支援作战行动的电磁频谱使用情况
			（4）利用/攻击敌方部队电磁频谱依赖性的能力
		4. 东道国/中立国/未结盟方分析	（1）电磁频谱的军用、商用和民用设施情况
			（2）东道国/中立国电磁作战环境的限制与约束

续表

		5. 作战条件	影响联合电磁频谱支持系统运用的因素有：国际条约、东道国限制、交战规则等；影响定位敌方用频系统的因素有：网络安全防护、导航系统等
		6. 假定条件	从本质上来讲，作战设想是影响作战行动的基础性因素，必须要引起高度重视
		7. 推论	从以上分析中进行推论，得出敌我相对战斗能力的评估结论，包括敌方影响己方任务完成的能力
	（二）行动方案制订与分析	1. 分析主要的联合电磁频谱作战战略和作战任务	
		2. 明确所需的主要作战力量或能力，包括联合、跨机构以及多国部队	
		3. 对比分析所需力量与可用力量	
		4. 确定行动方案中哪些要素是联合电磁频谱作战不可达成的，如果存在此类要素，进一步明确该要素是否影响整体意图的实现	
		5. 制订电磁频谱优势策略	
三、敌方能力和意图分析	（一）每一项己方或友军行动方案制订后，都要确定敌方电磁频谱作战能力和意图可能会产生的影响		
	（二）采用顺序化模式依次开展对敌分析，主要以时间阶段、地理位置和职能作用为依据	1. 分析至少两个层级以下部队可能的行动	
		2. 思考己方行动、敌方反应及反制行动	
		3. 评估友军预期作战效果可能产生的影响，以及敌行动无法达成特定预期效果的可能性	
	（三）推测友军行动方案的有效性，明确额外的需求及所需的调整，并列出敌方能力的优势和劣势		
四、己方行动方案分析	（一）从联合电磁频谱作战的角度，评估每一项行动方案的优势和劣势		
	（二）按照评估标准进行对比		
	（三）尽可能对不同的作战方案进行整合		
五、建议	提供一份评估报告，对需要联合电磁频谱作战保障支援的行动方案予以说明；提供一份分析报告，推测各行动方案面临的风险；提供一份简要说明，明确建议行动方案的联合电磁频谱作战行动需求		

第四章
美军联合电磁频谱作战计划与协调

1. 获取制电磁频谱权策略

获取制电磁频谱权策略总体上指导联合部队司令部如何实现制电磁频谱权,保证在指定时间和地域内的作战实施不受干扰,同时影响敌方的相应能力,确保联合部队在电磁频谱领域的优势。该策略主要包括联合电磁频谱作战参谋机构评估中的任务分析和任务说明,且通常在作战计划/概念计划/作战命令的电磁频谱作战部分呈现。为实现制电磁频谱权,它从总体上阐述了联合部队的主要使命和要执行的任务,并确立联合部队将要采取的侦察、管理、攻击和防护行动之间的基本关系。该策略还需明确关键电磁频谱用户,既包括太空作战和网络空间作战等职能部队用户,也包括多国伙伴部队等组成部队用户。总之,这一策略的目的是为具体的联合电磁频谱作战计划提供一个总体框架,其具体要素包括:

(1) 联合部队即将实施的联合电磁频谱作战任务(如削弱敌方通过电磁频谱影响友军作战的能力;降低/拒止敌方电磁频谱对作战的支持能力;优化友军部队的电磁频谱使用,通过联合部队频率管理办公室,根据协议/国际协定,与东道国及相邻国家就联合部队用频管理进行协调);

(2) 前提条件(如东道国电磁频谱使用授权);

(3) 基于预期电磁作战环境的重点考虑因素;

(4) 预期作战规模和友军部队数量和类型(包括多国伙伴);

(5) 联合电磁频谱作战机构建立;

(6) 联合部队内外电磁频谱机构之间的关系。

2. 电磁作战环境的定义及特征描述

联合电磁频谱作战参谋机构在评估中首先要对当前态势进行清晰描述,初步定义电磁作战环境并描述其特征,为后续联合电磁频谱作战方案拟订、分析和挑选奠定基础。联合电磁频谱作战计划人员需确定一个机制,定期对电磁作战环境进行分析,确保能考虑到影响联合部队作战的相关用频系统和活动,并能做出相应计划。

美军强调,电磁作战环境往往是动态的,必须定期更新相关数据库并予以分析。因此,对电磁作战环境进行特征描述是一项重复性工作,要结合作战环境，联合情报准备相关的任务和方法来进行。电磁频谱的物理特性不受联合部队司令部控制，其特定频率的特性和军事应用策略会随环境因素而发生周期性的变化。为此，联合电磁频谱作战计划人员不仅要考虑中立方和敌方在电磁频谱领域作战的变化，还需要重视电磁作战环境的自然变化。

美军认为，电磁作战环境信息对于用户而言，应具有时效性、精确性及可用性。这就要求联合电磁频谱作战计划人员明确指定主要的电磁作战环境数据来源，以满足用户的需求。指定的数据来源应该依据数据资源维护机构的信息、资源汇集的相关程序和时间限制、接入需求（用户涉密许可和时间限制）及数据资源冲突的处理程序等灵活处理。

另外，美军还要求联合电磁频谱作战计划人员高度重视大气和太空气象变化对电磁作战环境和敌我双方用频系统的影响。各种气象条件和现象都可对用频装备产生积极或消极的影响。例如，大气逆温现象可能增强无线电传输性能；高湿度和阴雨天气会对红外系统产生不利影响；电离层闪烁可能对GPS产生不利影响等。有些气象效应广为人知，且与季节和地点有关。联合电磁频谱作战计划人员可通过咨询战区司令部气象与海洋军官，确定作战行动所需的支援类型。

3. 确定友军用频需求

鉴于联合作战几乎在所有任务和活动中都要使用用频系统，美军要求各部门都要明确各自拟在联合作战地域使用的用频系统，描述其性能和相关用频需求，并在联合电磁频谱作战办公室登记。联合电磁频谱作战办公室制订了一套标准流程，用于征求、汇总和处理用频需求。最终数据将作为制订获取制电磁频谱权策略、描述电磁作战环境、确定电磁频谱作战支持方案和拟制电磁频谱控制计划/电磁频谱控制命令的参考，从而为统筹安排各部门电磁传输手段提供依据。

美军还强调各级部队和各部门联合电磁频谱作战计划人员应该考虑特殊保密需求，并告知联合部队司令部联合电磁频谱作战参谋机构，确保设置合适的保密信息获知权限。

同时，基于网络信息体系的联合作战系统日益增多，原先独立系统间的用频链路数量不断增加,但战场上的频谱资源是有限的,美军要求联合电磁频谱作战计划人员应该对所提交的用频需求予以评估,以确保跨系统和跨功能电磁频谱链路都能得到恰当的支持。为此,美军条令规定,电磁频谱控制委员会负责向联合部队参谋机构、所属部门和支援机构颁布指导性文件,指导他们合理地为在联合作战地域内各自控制的用频系统提出联合电磁频谱作战支援申请。

电磁频谱控制委员会的指导内容主要包括:一是联合部队电磁频谱作战政策和指南;二是安全保密指南;三是用频申请或联合电磁频谱作战支援申请规程,包括交付时限和申请格式;四是电磁作战管理指南和程序;五是主网络清单需求收集程序,包括确认网络需求呼号和可能的频谱共享;六是电磁频谱协调措施(如联合限制频率清单)提交程序,包括交付时间和限制条件;七是联合频谱干扰消除报告需求和路由选择程序。

(二)形成联合电磁频谱作战附录

一旦选定行动方案,联合电磁频谱作战办公室就将着手拟制联合电磁频谱作战附录,提交联合部队司令部批准。联合电磁频谱作战附录规定了联合作战地域电磁作战管理系统使用程序,包括电磁频谱协调措施,用以明确联合部队电磁频谱使用流程和交战规则。为提供有效的作战程序,联合电磁频谱作战附录必须融入联合部队司令部作战计划和命令的所有部分。联合电磁频谱作战附录还要考虑国际或国内频率控制机构/系统的相关规定和相互联系,以有效支持联合电磁频谱作战、力量提升和联合部队司令部目标。联合电磁频谱作战附录要尽可能进行详细的预先计划,并以简明的、易于理解的格式呈现。表4-2为美军联合电磁频谱作战附录的分类及其附件清单。

美军还强调,在合适的时机,应与东道国代表就联合电磁频谱作战附录相关内容进行协调。在附件拟制过程中,需要考虑的内容包括对作战计划或作战命令的熟悉程度、对东道国和其他盟国情况的了解、经验教训的总结、对作战和任务变量的理解、对电磁频谱控制能力与规程的熟悉程度,以及友军、中立方和敌军部队的大致方位。

表 4-2　美军联合电磁频谱作战附录的分类及其附件清单

类别	附件
A 类：联合电磁频谱作战框架	附件 A：联合电磁频谱作战政策与指导
	附件 B：联合电磁频谱作战安全等级指导
	附件 C：保障用频装备频率申请规程，包括交付时间和申请格式
	附件 D：电磁战斗管理规程
	附件 E：电磁战斗管理自动化系统配置
	附件 F：联合频谱干扰消除需求上报和流转规程
B 类：联合电磁频谱管理	附件 A：电磁频谱协调措施（如联合频率保护表）提交规程，包括交付时间和限制条件
	附件 B：电磁干扰上报
	附件 C：主干网络列表的需求收集规程，包括网系识别所需的呼号、代号和可能的共用频率
C 类：电子战	
D 类：电磁频谱控制计划	附件 A：指挥官联合电磁频谱作战相关指导（包括电磁频谱优势目标更新、电磁作战环境边界变更、交战规则变更）
	附件 B：联合情报信息，如红色/灰色电磁战斗序列变更、与电磁频谱相关的气象和海洋数据
	附件 C：用频优先级变更
	附件 D：电磁频谱控制权授权
	附件 E：电磁频谱协调措施启用/废止
	附件 F：蓝色电磁战斗序列变更
	附件 G：用频分配计划变更
	附件 H：用频任务变更
	附件 I：分支行动及其执行顺序
	附件 J：新的行动

第四章 美军联合电磁频谱作战计划与协调

续表

类别	附件
E类：电磁频谱控制命令	附件 A：电磁频谱控制命令阶段性目标
	附件 B：电磁作战环境边界变更
	附件 C：交战规则
	附件 D：用频优先级
	附件 E：电磁频谱控制权授权情况
	附件 F：电磁频谱带宽分配，包括电磁参数限制条件
	附件 G：具体传输授权（联合通信电子操作指令、主要授权列表、其他必要情况）
	附件 H：电磁频谱主动协调措施（联合频率保护表、其他必要情况）
	附件 I：联合电磁频谱作战支援任务
	附件 J：电磁战斗管理报告规程

联合电磁频谱作战附录支持军事行动的转换。这些转换可能在局势紧张程度升高或降低时发生，或者在毫无预警的情况下发生。联合电磁频谱作战附录应该具备一定灵活性，才能保证支持作战各阶段的需求。

根据 JDN 3-16《联合电磁频谱作战》，美军联合电磁频谱作战附录主要包括以下九个方面内容。

1. 政策和交战规则

联合电磁频谱作战行动常常涉及一系列特有的复杂事务。美国国防部指令和指示、法律、规定、交战规则都可能对其产生影响。法律、规定、政策和指导在平时行动中非常重要，因为国际和国内法律、条约规定和协议都可能对联合电磁频谱作战计划和实施产生影响。美军明确，联合部队司令部在联合电磁频谱作战计划和实施的所有阶段，都须进行法律评估，并制订战场交战规则。尽管在计划阶段要考虑交战规则，但它不应成为拟订计划的障碍，限制系统发挥其最大潜能。如果在某一计划进程中，发现某一交战规则限制了联合电磁频谱作战效能发挥，计划人员应该与参谋机构内的法律顾问进行会商，对交战规则进行阐释或制订适用的补充交战规则。电磁频谱政策和交战规则需求通过电磁频谱控制计划和电磁频谱控制命令予以明确生效。

2. 优先级排序

联合部队司令部电磁频谱使用优先级排序指南是联合电磁频谱作战办公室对拥堵的电磁作战环境中的用频需求进行排序，以及各部门对其受领任务进行排序的重要依据。联合电磁频谱作战办公室定期对联合部队司令部的优先事宜进行评估，征求下属部门意见，并向联合部队司令部提出用频优先顺序调整建议。

3. 用频需求

用频需求是指联合部队为完成指派任务而提出的在电磁频谱领域内实施作战行动的需求。为对其进行正确的排序和集成，用频需求应包括以下信息：

（1）在电磁频谱领域内实施的行动（探测、通信、攻击）；

（2）行动目的；

（3）行动的相关优先级排序；

（4）实施行动的平台/系统；

（5）行动支持的任务；

（6）所需的用频参数（如时间、地点、频率、功率和波形）。

4. 电磁频谱协调措施

电磁频谱协调措施是遵循联合条令制订并在联合电磁频谱作战附录中明确的相关规定、机制和指令。这些措施旨在规定电磁频谱行动具体实施形式（如空间、时间、频率、功率和波形等）。联合电磁频谱作战附录明确了联合作战地域内所使用的电磁频谱协调措施（如联合限制频率清单），以及这些措施如何贯彻和执行。在实施过程中，电磁频谱控制计划应该明确在电磁频谱控制命令中启用何种协调措施。联合电磁频谱作战办公室负责拟订电磁频谱协调措施，以在某一时间窗口或地域内履行一个或多个职能。协调措施应包括：

（1）为具体电磁频谱行动预留电磁频谱波段；

（2）限制某些电磁频谱用户活动；

（3）确定可使用的波段，使部队在使用用频系统时尽可能减少电磁干扰；

第四章
美军联合电磁频谱作战计划与协调

（4）要求电磁频谱用户实施具体行动；

（5）拟订和更新联合限制频率清单。

其中，联合限制频率清单是作战、情报和支援部队用以确定不同网络和频率所需保护程度高低的依据，用于规定在不同时间和使用地域内需要保护的功能、网络和频率，以确保其不受友军传输活动影响。但美军要求尽可能减少受限制的频率，以保证友军能有必要的频率供使用，以实现联合部队作战目标。此外，美军还指出，尽管联合限制频率清单本身是协调措施的重要内容，但要注意通过当前联合用频需求程序对需保护的情报搜集用频进行协调，以满足情报收集活动的时敏需求。JDN 3-16 规定的联合限制频率清单将战场用频分为三类，分别是禁用频率[1]、保护频率[2]和警戒频率[3]。

联合限制频率清单应在联合部队作战发起前拟订，并在作战过程中持续更新。该清单要接受全体联合部队参谋部门及其下属司令部的审查。情报部门（J-2）需要以可能的信号情报和电子战支援目标为基础来增加、删除或确认相应的频率。联合电磁频谱作战办公室依据作战行动、时间、日期以及禁用频率的变化来对联合限制频率清单进行监控。联合电磁频谱作战办公室需要保证禁用频率和保护频率与分配的频率相一致。此外，联合电磁频谱作战办公室还要依据情报部门（J-2）和 C^4 系统部门（J-6）输入的信息来修

---

[1] 禁用频率是指己方使用的重要频率，己方其他部队不得有意对其进行干扰或扰乱。通常情况下，这些频率包括受国际条约管制、事关安全防护和受控制的频率，且基本上都是一些常用频率。尽管如此，禁用只在一定时间内有效，随着战斗或演习态势的变化，对其设定的限制可能会被解除。特别是在危机或战争中，在应对未知威胁或受到未知频率攻击及其他原因时，出于自卫需要，可能会授权使用禁用频率来实施短暂的电子进攻。

[2] 保护频率是指特定作战中的己方频率，要着力防止己方频率被友邻无意干扰而出现自扰、互扰现象，同时还要实施主动性联合电磁频谱作战来对抗敌方部队的干扰。这些频率极端重要，除非确有所需或与用频单位达成一致，否则严禁对其实施干扰。保护频率也受时间限制，需要随着战场态势的变化而变化，应当及时对其进行更新。

[3] 警戒频率是指目前已被己方侦测到，敌方用于作战和情报行动的频率。警戒频率受时间限制，会随着敌方作战态势的变化而变化。在指挥官对干扰效果收益和技术信息损失之间进行权衡之后，就有可能会下命令对这些频率实施干扰。

订联合限制频率清单。配属支援的电子进攻分队要核查联合限制频率清单，因为这是确定"禁止干扰"频率的依据。为确定联合限制频率清单的受保护频率与电子进攻活动频率之间没有冲突，还需要对联合限制频率清单再次审查。如果审查过程中发现有冲突，则需要提交至联合电磁频谱作战办公室进行最终的判定。最终解决方式一般有以下两种：一是更改联合限制频率清单的保护频率；二是更改或取消相应的电子进攻活动。联合部队指挥官或其授权代表拥有最终决策权，需要对电子战任务与联合限制频率清单两者的效益予以权衡并取舍。

5. 电磁作战管理相关能力

电磁作战管理相关能力是指有利于电磁作战管理和能提供电磁频谱作战相关计划能力的系统和工具。电磁作战管理指南确定了需要使用何种系统和相关数据库，以及它们应该如何使用获批的国防部体系结构进行数据交换，以实现纵向和横向的互操作。这种互操作促进了联合电磁频谱作战数据交换的及时性和日常化。数据交换通过通用、安全、抗干扰无线电和数据链实时或近实时地进行。近实时的数据交换能力有助于提升态势感知，还有助于不同部队之间协调作战。因此，这一能力至关重要。

电磁作战管理指南主要内容包括：所使用的电磁频谱作战计划工具的类型/版本、部门间的保密连通、指挥控制网络的可用性、可兼容的数据交换格式和程序、电磁频谱协调程序（如频率分配、电磁目标定位、电磁干扰消除等）、与国家和情报数据库的连接，以及与战场传感器的连接等。

6. 电磁信号控制

联合电磁频谱作战计划人员要评估敌方电磁频谱能力及其对联合电磁频谱作战的潜在影响，以确定必要的辐射控制水平。电磁信号控制的具体工作包括：评估敌方电子战支援和针对友军的信号情报能力、根据任务和作战进程计划并执行适当的辐射控制措施、为下属部队提供辐射控制指导以及确定拟打击的敌方电子战支援和信号情报系统目标等。

7. 电子战

联合电磁频谱作战附录中的电子战部分从总体上描述了为实现制电磁频

谱权所匹配的电子战需求。具体的计划活动包括：

（1）评估获取制电磁频谱权的策略；

（2）明确实施电子战的目的和意图、希望达到的直接效果和批准电子战的条件；

（3）确定己方部队相对于敌军的电子战能力状态，并确认实施既定电子战任务的可用资源是否充足，如果现有资源不足，要拟制需求；

（4）根据预期作战、战术威胁和可能的电磁干扰，筹划友军的电磁频谱使用，且一旦确定，这些需求应该被纳入联合限制频率清单相应类别（如禁用频率）；

（5）制订措施，防止敌方无源电磁传感器获取己方作战安全相关的指征参数；

（6）制订并更新电磁频谱协调措施（如联合限制频率清单中的禁用频率）；

（7）确定必要程序，消除或降低电子战行动对其他联合电磁频谱作战的电磁干扰；

（8）明确电磁频谱相关的指挥官关键信息需求，为了能有利于及时、全面地实施电子战支援，应在作战计划/作战命令的情报附件中体现相关需求；

（9）协调并制订相应的规程，确保电子战计划任务的完成；

（10）评估交战规则和适用法律条款，确定电子战行动所需的权限及限制条件；

（11）明确电子战目标要素类别，为优选目标提供参考，并支持电磁目标要素开发；

（12）分析友军用频系统漏洞，明确敌军利用这些漏洞的能力，并估计其可能对任务产生的影响；

（13）分析敌军用频系统和网络的漏洞，明确友军利用这些漏洞的能力，并估计其可能对任务产生的影响。

8. 导航战

由于全球定位系统（GPS），全球导航卫星系统（GNSS）和其他定位、导航与授时（PNT）系统的军民复用特点，美军必须在制订作战进程时，深入分析导航战对非军事用户和民用/商用关键基础设施的潜在影响，且在必要时与东道国电磁频谱管理机构进行协调。导航战要考虑敌方 GPS 干扰措施对友军系统的影响，就支持任务执行所需的 GPS 接收系统类别提供指导，帮助确定在任务实施中所需的 GPS 制导装备的数量和类型，并就打击敌军 GPS 干扰发射系统提出建议。

9. 互操作性

作为联合军事能力的重要构成要素，联合电磁频谱作战的有效实施必须高度重视互操作性。联合电磁频谱作战计划人员必须悉知并通盘考虑战场上的所有用频系统，以及在实施中它们将如何交互，以尽可能降低电磁频谱冲突，提升电子战效能。

（三）拟制电磁频谱控制计划和命令

美军规定，所有的联合电磁频谱作战行动都必须以电磁频谱控制计划和电磁频谱控制命令为依据。电磁频谱控制计划和电磁频谱控制命令为联合作战地域内所有联合部队电磁频谱使用的优先级排序、协调、指挥及消除彼此之间的冲突提供指导。

1. 电磁频谱控制计划

联合电磁频谱作战办公室在每轮联合电磁频谱作战的初始阶段颁布联合电磁频谱控制计划，该计划根据每个作战周期的情况做出更新，提供新的作战指导。作为计划的核心内容，联合电磁频谱作战附录必须经联合部队司令部批准，为电磁频谱控制提供总体指导。

2. 电磁频谱控制命令

电磁频谱控制命令是经联合部队司令部批准后，详细规定在一定时期内电磁频谱使用需求、电磁频谱控制规程和电磁频谱协调措施等内容的权威文件。美军明确，如果联合部队不能遵守电磁频谱协调措施、具体的传输规定或交战规则，就不允许在联合作战地域内进行电磁传输。电磁频谱控制命令将在联合部队司令部批准的军事行动中可使用的电磁频段予以明确，并规定

第四章 美军联合电磁频谱作战计划与协调

所有机构使用电磁频谱的时间范围及频段。命令中可能包括联合限制频率清单等协调规定。美军还强调,向包括多国部队在内的所有电磁频谱用户及时通报电磁频谱控制命令更新至关重要,以避免友军之间的电磁互扰以及对民事和中立方接收设备的无意干扰,并提升作战效能。图4-1显示了在联合部队计划和实施周期内联合电磁频谱作战附录、电磁频谱控制计划和电磁频谱控制命令之间的关系。

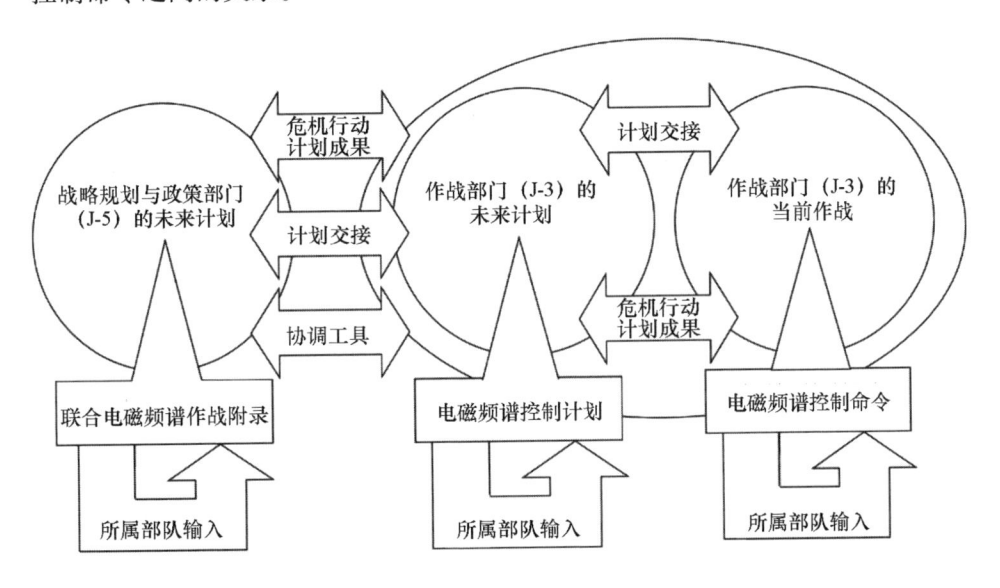

图4-1 联合电磁频谱作战计划主要成果

美军规定,电磁频谱控制命令通常每天颁布和下发,主要包括协调措施、程序化控制指导和实施电磁频谱控制计划所需的电磁频段,并明确相关控制措施的启用和停用。

制订和更新电磁频谱控制命令的流程在电磁频谱控制计划里有所明确。通常,部队的指挥员要将其用频需求进行整合和优先排序,消除彼此冲突,并在规定时间内上报给电磁频谱控制委员会,以与其他需求进行进一步整合。应当依据作战地域内的部队级别和数量,结合考虑其他信息,如电磁频谱协调措施和其他协调措施等,给出相应指导。

电磁频谱控制委员会负责整个作战地域内的电磁频谱控制,但也可在制订计划方针时授权联合部队指挥员具体负责电磁频谱控制。联合部队指挥员也可指定某一所属部队指挥员负责制订所属部队电磁频谱控制命令附件。但不管以何种方式，联合电磁频谱作战办公室都要负责消除部门间的冲突，以确保在电磁频谱控制计划的指导下，整合各部门的电磁频谱控制命令。

需要注意的是，联合通信电子操作说明也是美军电磁频谱控制命令的重要组成部分，用以明确联合部队的话音和数据网络用频权限，以支持作战。其主要内容包括无线电网络或电台目录及其相关频率、呼号、呼字、在特定时期内的网络识别码，以及电子、视频和语音交互的补充规程。通常，还会按不同部门或层级（如联合层、军种层、舰队层、联队层等）进一步细分。此外，联合通信电子操作说明还会对电子、视频和语音通信手段进行规定，从而为无线电通信提供补充或提升其效能。美军认识到，由于种种原因（如极度拥堵或潜在的附带影响等），联合部队在使用某些频段时，可能需要对其进行比电磁频谱协调措施更为精细的管控。对此，也常在电磁频谱控制命令中予以明确，并颁布具体的传输规定。

二、内部协调

（一）与情报、监视和侦察行动的协调

美军认为，情报部门运行的传感器可提供实时或准实时的电磁作战环境情报，为联合电磁频谱作战中的电子战支援机构提供支持。搜集敌方电磁频谱活动情况应作为战前及战时情报工作的重要内容之一。通过信号情报渠道对这些数据进行处理，并与其他来源的情报数据进行整合，可生成敌方或中立方电磁战斗序列的情报。联合电磁频谱作战计划人员利用这些情报选择电子攻击目标、加强电子防护、进行联合频谱干扰消除、弥补电子战支援感知能力差距、规划通信和数据网络，并为军种用频系统重编程序提供支持。

美军要求，情报部门必须将信号情报收集中的优先事项与电子战支援行动进行通盘考虑，并纳入总体联合电磁频谱作战支援计划。这一计划能够发

第四章 美军联合电磁频谱作战计划与协调

挥情报与电子战支援系统的最大效用,以支持实现联合部队指挥官的作战意图。

美军强调,电磁频谱控制命令和相关电磁作战管理指导应该从总体上明确工作流程和权责,以促进情报协调尽可能向低层级部队延伸。协调所需时间主要取决于电磁作战环境的动态变化,依据优先原则、部队层级及作战阶段等因素的不同,可能少则几分钟,多则几个月。

联合部队电磁能量的传输,必须以熟悉并遵循电磁频谱控制命令所明确的相关规定为前提。情报人员则应尽可能及时更新联合限制频率清单,为频率协调、消除或降低电磁干扰提供支持。频率协调主要由联合电磁频谱作战办公室通过相关电磁作战管理程序来进行,有时可能还需要与国家情报机构进行协调。

联合电磁频谱作战办公室需要对情报机构的情报收集计划进行分析,以查找可能出现的电磁干扰,并为情报机构和部队编成提供备选方案,以尽可能降低任务影响。

(二) 与网络空间作战的协调

现代军事行动极为依赖以电磁频谱接入赋能的网络化系统。在联合作战地域内通过电磁频谱的信息传输,可促进网络空间作战的实施,但网络空间作战也可在联合作战地域外远程实施。

无线网络在作战环境中的不断普及,为联合电磁频谱作战和网络空间作战系统的协同运用提供了可能。在有线接入受限时,网络空间作战的成功实施需要通过电磁频谱接入达成。例如,电子攻击发射设备可通过电磁频谱孔径发送执行代码。电磁频谱也可作为一种载体,直接实施针对网络空间基础设施的攻击行动。例如,电子战武器(如高能激光、高能微波和电磁脉冲武器等)可用于摧毁和破坏网络空间基础设施,以支持作战地域内的网络空间作战。电子战行动(电子攻击、电子战支援和电子防护)可协助构设网络空间条件,以在某一地域内确保接入,提供决定性对敌交战能力,并实施网络空间作战,以促进预期效果的实现。

美国国防部信息网的效能取决于其安全性、可接入性和可靠性。满足国防部信息网用频需求的方式与任何其他联合电磁频谱使用方式相同。国防部信息网使用的频率指配工具也应该明确网络用频需求（如频率、带宽），并以国防部批准的格式提交网络电磁频谱管理。联合电磁频谱作战计划人员对需求进行评估，并将其融入电磁频谱控制计划和电磁频谱控制命令。随后，联合电磁频谱作战办公室将以同样的格式，将批准后的频率分配方案提供给国防部信息网。联合电磁频谱作战计划人员要对国防部信息网的规划予以评估，以确保其与电子防护行动保持同步。

（三）与定位、导航与授时行动的协调

可靠的定位、导航与授时服务对军事和民事用户都很重要，对有效实施联合作战和国防、民事关键基础设施防护都至关重要。GPS 是美国和多国作战人员最主要的天基定位、导航与授时来源。对手意识到美国对 GPS 的依赖，正在开发并部署越来越先进的干扰系统，以拒止 GPS 和其他全球导航卫星系统为美国及其友军提供服务。

联合电磁频谱作战在特定时间或时间段、地点形成电磁频谱优势，为导航战行动提供支持，确保能随时获取对任务至关重要的定位、导航与授时服务。大多数定位、导航与授时行动依赖于 GPS 天基控制和用户终端，以及它们之间的电磁频谱连接。

（四）与信息作战的协调

信息作战（IO）是指在军事行动中，一体化运用信息相关能力及其他行动，影响、破坏、扰乱或篡改敌人或敌方决策，同时保护己方决策。联合电磁频谱作战通过协调和集成信息作战用频需求，消除或降低来自友军或敌军的电磁干扰，提高信息作战和其他信息相关能力，如利用军事信息支持作战。利用电子战和其他电磁频谱发射装置，联合电磁频谱作战还能为信息作战提供以电磁频谱为媒介的传输手段。

美军信息作战办公室的主要职责之一就是协调信息相关能力的运用，支

持联合部队司令部作战概念下的信息作战。几乎所有信息相关的能力都需要依靠、使用或利用电磁频谱。联合电磁频谱作战的优先排序、集成和同步是一个连续性的过程，需要在信息作战计划工作中持续考虑。

在信息环境中的电子攻击可产生决定性的、更深远的影响，从而获取并保持制信息权，为美军联合部队司令部提供作战优势。制信息权要求具备收集、处理和分发不间断信息流的能力，同时兼有侦察或拒止敌人相同能力的行动优势。

当电子攻击作为非致命武器运用时，常常不会造成或仅造成较小的物理破坏。信息作战中的电子攻击武器必须通过联合目标协调委员会或类似机构，在联合部队司令部层面进行一体化协调，以预测附带损伤及影响，并统一考虑风险降低预案。

（五）与军事信息支持作战的协调

联合电磁频谱作战使用电子战平台或其他联合电磁频谱发射设备，利用电磁频谱向目标受众散发军事信息支持作战的定制信息。联合电磁频谱作战计划人员在制订电子战计划时必须考虑对军事信息支持作战造成的干扰，可能影响向对手或国外目标受众发送信息。联合电磁频谱作战集成电子战支援和信号情报传感器所收集的信息，能为军事平台或部队提供潜在威胁预警，也能为其提供军事信息支持作战广播和其他活动效果的反馈。军事信息支持作战通过电子防护和联合频谱干扰消除程序消除或降低敌方电子攻击活动或无意的电子干扰，以防止己方行动被扰乱。为促进军事信息支持作战与联合电磁频谱作战的协调，尤其是与电子攻击的协调，必须对电磁频谱控制命令进行及时更新。

（六）与作战安全行动的协调

联合电磁频谱作战通过降低敌方对友军部队和活动的情报、侦察与监视行动效能，为作战安全提供支持。电子战支援，通过提供敌方经电磁频谱收集友军情报的能力和意图的有关信息为作战安全提供支持。电子战支援还可能被用来对友军电子发射控制措施进行评估，并提出调整或改进建议。有效和严谨的电子发射控制计划和其他相应电磁防护措施是作战安全的重要环节。它通过隐藏部队和系统，防止敌军获取电磁频谱作战系统相关信息，从而为电磁频谱作战提供作战安全支持。在作战中，作战安全计划人员和联合电磁频谱作战参谋人员要重视作战的动态性，及时对联合部队司令部的关键信息需求进行评估，就电子战支援情报收集活动、电子发射控制态势和其他电子防护措施调整等提出建议，保持有效的作战安全。

（七）与军事欺骗行动的协调

联合电磁频谱作战对军事欺骗的支持主要体现在：一是将电子攻击作为欺骗措施之一，降低敌方监视、报告和处理竞争性观测数据的能力；二是向敌方发送带有误导性的电磁信息；三是通过电子防护和电子发射控制对电磁活动进行控制，防止被敌方发现。军事欺骗常常依赖于电磁频谱向敌方情报或战术传感器传输欺骗信息。联合电磁频谱作战计划人员的职责是确保拥有必要的电磁频率，以支持欺骗计划，电磁频谱管理数据库和电磁频谱控制命令对此也做了明确的说明，但不公开具体哪一种频率将用于相关欺骗计划。

美军指派了专门的联合电磁频谱作战计划人员与作战部门参谋人员合作，协调和整合联合电磁频谱作战，以支持军事欺骗行动。负责欺骗行动的分队常常会从电子数据上着手，以更大或完全不同的部队结构呈现给敌方传感器。通过有选择性地堵塞、干扰或掩盖主要作战行动的电磁特征，友军电子攻击系统可能成为欺骗行动的重要组成部分。友军资源还可以用来通过电磁或物理手段模拟防空系统（通信和雷达）。防空系统模拟有助于目标选定或反映电磁战争序列，并诱导敌方系统（空中和地面）错误部署。

严密的电子发射控制和其他恰当的电子防护行动，利用军事欺骗设备及其他手段实施规范缜密的辐射控制及相应的电子防御行动，对防止敌方辨别主要行动中的欺骗行动非常重要。

支援电子战的相关资源不仅可向实施军事欺骗的分队提供直接告警信息，使其掌握敌方部队对其行动的反应，还能帮助确定敌方是否能接收到欺骗性

第四章 美军联合电磁频谱作战计划与协调

电磁辐射。因为实施军事欺骗的分队一般属于主要行动的外围力量,承担欺骗任务的电子战支援平台常常通过三角测量在测向行动中协助定位敌军部队。指定的联合电磁频谱作战参谋人员应该具有必要的安全授权和接入权限,并在与欺骗相关的作战计划和实施阶段,与军事欺骗行动计划人员共同合作。在作战实施时,联合电磁频谱作战参谋人员负责监控电子战对欺骗行动的支持,并及时协调变化和冲突。

(八) 与网络安全工作的协调

美国国防部网络安全工作是指为保护信息系统及其承载的信息而采取的预防、保护和修复措施。许多措施都要涉及电磁频谱运用。电子防护装备、特征和程序能帮助对电磁作战环境中的数据进行调节,以确保其可获取性和完整性。电子攻击战术、技术和程序用于降低敌方网络安全,削弱敌方对数据质量的保护。电磁频谱管理程序,尤其是电磁干扰方法,则主要用于消除友军电磁运行带来的干扰。

(九) 与防化学、生物、放射性和核攻击行动的协调

在面临化学、生物、放射性和核(CBRN)威胁的环境中,联合电磁频谱作战计划人员要考虑针对用频系统的 CBRN 攻击。化学污染物和大多数净化措施可能摧毁或破坏没有得到恰当加固的电子设备。此外,操作人员按要求穿上 CBRN 防护服后,可能会对系统操作带来影响。因此,美军会对决定任务成败的关键性电磁频谱作战装备进行备份、疏散、防护、加固和去污染,以在遭受 CBRN 攻击后确保任务实施的连续性。

(十) 与目标指引和火力支援任务的协调

联合电磁频谱作战的侦察行动,包括电子战支援和信号情报行动,是联合部队目标指引和火力支援的基础。在制订目标指引和威胁规避计划时,美军使用电子战支援和信号情报数据对电磁作战环境进行动态描述。通过提供友军攻击行动结果的反馈,电子战支援和信号情报还能发挥作战评估的重要

作用，可以用来评估友军电子发射控制措施的效能，并提出调整和改进建议。

电子攻击不仅可以降低和破坏敌方的敏感系统设备，还可以为友军打击行动提供屏蔽措施（包括使用隔离装备）。在使用用频传感器和精确打击武器应对敌人攻击时，电子攻击也能发挥重要作用。电子攻击能提供瞬时效应，且附带损失低，攻击成本低。参与联合目标协调委员会的联合电磁频谱作战人员依据相关程序，协调电子攻击及其他联合部队火力打击的用频需求与其他联合电磁频谱作战行动。

电子防护行动为友军目标定位传感器、导航系统和通信系统提供防护，使其免受敌人行动攻击。非电子战形式的攻击通过破坏敌方电磁传输和接收设备，包括目标定位、通信和电子攻击系统等，为联合电磁频谱作战提供支持。严密的电子发射控制和其他电子防护措施能保护友军机动和打击要素不被敌军的情报、侦察与监视行动发现。电子防护措施还能防止因电磁辐射作用而引发的武器装备爆炸，为在作战行动中工作于武器装备周边的友军人员提供保护。

电磁频谱管理和相关电磁作战管理程序要尽可能地降低和消除电磁干扰，协调联合部队电磁频谱使用，确保友军用频传感器、数据链和武器追踪系统等能够在拥堵且充满竞争的电磁作战环境中运行。

（十一）与物理安全防护的协调

联合电磁频谱作战通过电子防护行动为物理安全防护提供支持，保护防御工事内的通信系统。此外，针对电磁能造成的衍生影响（既包括有意的，也包括无意的），电子防御还可对相关人员、设施和装备提供防护。物理安全防护通过防护电子战装备，为联合电磁频谱作战提供支持。电磁频谱作战系统可用于预防和瓦解相应威胁，使其无法利用电磁频谱对联合地面部队实施攻击。电子攻击可为人员、设施和装备提供防护，使其免受电磁频谱激发或控制的武器系统攻击。

（十二）与民事-军事行动的协调

在诸如国外人道主义救援等行动中，电子战系统可被用于电磁频谱筹划，

第四章 美军联合电磁频谱作战计划与协调

并采用军事信息支援行动的类似方法,广播国内防御信息。在所有行动中,民事－军事行动使用的频率都在电磁频谱控制命令中予以规定,以确保其与电子战行动的协调和集成。由于电子战系统在平时应急行动中的拓展使用,美军越来越强调联合电磁频谱作战计划人员要尽早考虑与东道国进行外交磋商,协调用频。

三、国际协调

(一) 东道国协调

东道国协调是指在其他主权国家内获得使用用频系统的授权。在电磁作战环境中的作战计划不能忽视与东道国协调电磁频谱接入。通常,由联合战区司令拟订与东道国的协调约定,联合频率管理办公室通常会与任务区域内的国家建立固定的电磁频谱协调渠道。但随时间的不同,和具体国家的交流可能会有所变化,有可能缺乏所需的正式协调渠道。联合频率管理办公室与东道国在相互信任的基础上开展协调。作战司令部联合频率管理办公室必须确保其下属部门在得到办公室授权时才能与东道国进行协调。私下的协调可能会扰乱或破坏这种关系,使保障工作难以开展。

美军认为,有效的东道国协调需要从技术上理解东道国如何管理其电磁频谱,并了解东道国的文化(如其商业运作模式),以获取实施联合作战所必需的用频授权。东道国可能会保护其商业利益而试图限制联合部队的电磁频谱使用,因此会影响联合部队司令部的机动能力。主要协调工作包括:一是了解东道国分配/信道计划和使用/广播时间安排,以共同合理使用频率;二是确定联合部队发射设备是否符合东道国配置规定(如发射带宽、业务类别等);三是确定东道国的频率分配是否满足联合部队用频需求;四是与相应的东道国电磁频谱管理机构/代表共同制订协调计划,解决东道国和联合部队用频冲突;五是准备司令部简报,报告东道国协议状态和解决问题或缺陷的策略或行动计划。

美军认为，在东道国内未经授权的用频可能被视为违反国际法、国际协定或当地法律规定。联合部队司令部、下属司令部或操作人员可能会因违反东道国法规被拘禁或罚款，设备也会因此被查扣。

（二）多国军事行动协调

为支持任务实施，联合电磁频谱作战办公室必须将用频需求融入多国用频计划。由于安全指南比较概略、训练水平有差别、自动化工具各不相同、语言和专业术语也存在差异，制订具体程序以支持这一需求更加困难。

美军认为，在多国环境中实施电磁作战管理，必须要拟定制电磁频谱权策略，并明确相关作战概念。作战概念应该清楚阐述多国环境中所采取的组织机构和工作流程、安全需求/重点事项、电磁频谱数据交换需求和电磁作战管理工具。

每次军事行动都必须确立相应的电磁频谱作战组织结构，明确电磁频谱用户的方位和职责。一般从以下两种方式中选择一种来实施：一是所有部队在同一地区作战；二是作战环境被划分为多个区域，各国部队在特定地理区域履行相应职责。前者通常是最复杂的方式，因为多国部队使用的装备在数量和类型上可能存在较大差别，所以即使划分了作战环境，也有必要对相邻电磁频谱用户进行计划和协调。

联合部队对外信息发布官负责在计划开始阶段提供对外公布的相关规定，以促进信息流通，并在考虑到所有盟国的利益和能力的情况下，定义电磁作战环境和特征描述。出于军事情报或其他敏感行动用频的安全考虑，某些信息可能不会向参与作战的所有国家公开。联合电磁频谱作战办公室应该制定强有力的电磁干扰/电子防护程序，以降低装备使用过程中可能遭遇的干扰。电磁频谱的公开/加密信息必须发布至所有层级。这一原则适用于所有多国部队电磁频谱信息，包括联合电磁频谱作战附录、电磁频谱控制计划和电磁频谱控制命令等。

美军强调，在作战计划过程中，应尽早协商信息交换格式。美军部队一般使用国防部数据交换标准，可以在最短时间内，耗费最少精力建立电磁频谱数据库。美军还认为，应尽量达成对电磁作战管理工具的使用共识，以解决作战相关问题，如消除干扰和上报信息、拟制联合限制频率清单，并制订和生成作战指导。

多国电磁频谱用户可能达不到电磁频谱管理人员的训练标准，各国的自动化能力、职责和国家需求都不尽相同。联合电磁频谱管理人员可能要负责整体数据库的管理工作，并在使用美国国防部自动化工具时，向多国同行提供培训。美军作战指挥官应该根据作战规模和范围，向多国电磁频谱办公室派驻有经验的电磁频谱操作人员。

（三）与多国部队电子战协调办公室的协调

1. 与北约部队的协调

北约军事委员会公布的 MC 64/10《北约电子战政策》与美国联合电磁频谱作战政策基本上一致。为加强与北约部队的协调，多国部队电子战协调办公室出台了一系列概念和法规文件。

一是 MC 515《北约信号情报和电子战作战中心概念》。该概念阐述了具有互操作性的信号情报和电子战作战中心的作战需求和作战程序，全方位支持多国和联合环境下可能由北约实施或领导实施的作战。该概念从总体上提出了管理信号情报和电子战的基本原则、相互关系、编制体制和具体细节要求，提供了各机构、军种、组织和节点间的作战标准，以支持北约作战及平时演练。

二是 MC 486《北约联合电子战核心参谋办公室概念》。该概念描述了联合电子战中心（JEWC）的功能。JEWC 的主要功能是加强电子战协调办公室核心参谋力量，作为北约快速反应部队电子战协调办公室的主要分支，为北约作战和演习提供作战计划能力。参与军事行动的各国军队使用电子战设备，能够增强电子战协调办公室及其主要分支部门的作用，为北约快速反应部队提供支持。JEWC 为北约部队和联盟成员提供电子战训练，并为北约和联盟成员电子战系统提供支援及能力分析。理想情况下，参与者可能有联合事务工作经验，曾经在友军部队中担任过电子战联络官。

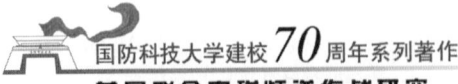

三是盟军战术出版物 ATP-08（B）《两栖作战条令》。该条令现在也增补了电子战相关内容，包括信号情报信息交换的必要程序。

四是盟军联合出版物 AJP-01（C）《盟军联合条令》。该条令中有关于电子战和电子战协调办公室的一个章节，要求北约成员国一律依据北约 MC 64/10 中明确的内容制定本国电子战条令。美军也要求确保最新颁布的美国电子战出版物能为多国部队提供支持。北约还建立了北约发射系统数据库，用于交换成员国和非成员国的电磁发射源信息，以促进联合电磁频谱作战协调。

2. 与其他五眼联盟国家部队的协调

长期以来，美国军队与英国、加拿大、澳大利亚、新西兰军队的关系颇为深厚，一直在国家层面进行信息交换。例如，四国（美国、英国、加拿大、澳大利亚）电子战合作组织，以及美国、英国、加拿大、澳大利亚和新西兰电子战论坛等，都充分体现了彼此之间的密切关系。特别值得一提的是，虽然澳大利亚目前不属于北约组织，但它却熟知北约军事委员会颁布的 MC 64/10《北约电子战政策》中的电子战政策。澳大利亚与美国、英国、加拿大签订的四方标准化协约 QSTAG 593《电子战部队互相支援条令》既反映了当前北约的政策，又兼顾了澳大利亚的需求。该文件包括一份电子战协调办公室的标准化操作规程。航空航天互操作委员会第 45 工作组（负责空中作战）、第 70 工作组（负责航空任务）都负责电子战相关的问题。第 45 工作组负责查看多国部队电子战系统的作战运用，第 70 工作组则负责研究电子战系统标准化的可能性。

3. 与其他多国部队的协调

美军认为，多国部队指挥官中应当包括来自各国部队电子战协调办公室的电子战军官。如果出于保密原因或可行性限制而无法作安排，多国部队指挥官就应当根据任务情况，做好向各国部队提供电子战支援并派驻联络官的准备。

第四章 美军联合电磁频谱作战计划与协调

（四）国际协调中的具体业务

1. 信号情报信息交换

美军视情况并依据北约组织、四国组织、航空航天互操作委员会相应的规程进行信号情报信息交换，以支持电子战行动。其他的出版物中也包括信息数据相关规定，比较有代表性的有：北约盟军战术出版物 ATP-08（A）的补充文件《两栖作战中的电子战》、ATP-44（C）《空战中的电子战》、ATP-51（A）《陆战中的电子战》，北约军事委员会出版物 MC 101/12《北约信号情报政策与指令》，四国标准化协约 QSTAG 593《电子战部队互相支援条令》。当执行电子战互相支援流程时，各国部队都会特别谨慎，防止违反信号情报保密规定。

2. 电磁战斗序列信息交换

电磁战斗序列信息交换一般是在双边协定指导下进行。北约组织在司令部的预警系统中已经建立了相应的规程，一旦冲突爆发，就按规定流程执行操作。规程要求在战时预备模式下进行信息交换，还明确了多国部队在哪个阶段转为使用战时预备模式。但在低级别冲突中，不会启动这些流程。因此，电子战协调办公室主任必须要与电子战情报保障机构、战区联合分析中心以及战区联合情报保障中心进行密切协调，使当前的电磁战斗序列始终处于最新状态。多国部队参谋也应参与其中，确保各自所在国司令部为战区的联合分析提供相应的最新信息以商讨电磁战斗序列，并向战区联合自动化通信电子操作指令系统和战区联合情报保障中心提供最新信息。北约军事委员会出版物 MC 521《北约电子战协调办公室/信号情报与电子战行动中心保障工作中的资源及方法的相关概念》中描述了北约电磁战斗序列及其制定和维护的主责部门。

3. 电子战计划辅助

美军在自动化电子战计划辅助方面已实现电子战计划人员能够从战区和国家数据库中选取相应信息，并将其以图表格式呈现，便于计划和汇报。但多国部队可能还不具备同等的自动化处理水平。在合作的时候，美军电子战协调办公室主任向多国部队提供在计划层面和部队层面需要的电子战相关信息，并保证他们及时接收到这些信息。在这一工作中，电子战协调办公室的人员会注意保密事务，防止某些核心数据及其来源的泄露，但电子战任务规划工具不在此列。

4. 制定电子战信息发布政策

美军要求，联合部队对外信息发布官必须制定清晰明了的电子战信息发布政策，以便多国部队理解和执行。

5. 电子战设备重新编组

电子战设备重新编组由各国分别负责。但电子战协调办公室主任要加强多国部队内重组工作的协调，必要时，向多国部队指挥官寻求帮助，制订解决方案。多国部队指挥官应当知晓相关的电磁规定，避免误伤友军。

为此，各国及多国联合司令部会为电子战协调办公室主任提供以下信息：一是多国部队电子战装备的能力与限制；二是多国部队内部可以提供的电子战重组保障；三是多国部队使用美国电子战装备时，与各国之间签署的重组保障协议；四是与不使用美国电子战装备的国家签署的电子战重组信息交换协议；五是己方部队重组过程中的问题报告，包括问题解决措施；六是可能导致友军电磁攻击的即时报告；七是向美国重组机构提交操作改变申请，其中要指出伙伴国家电子战设备存在的不足，以及要求这些国家进行重组的申请。

美军强调，电子战协调办公室主任还应当保证多国部队能够接收到战区战术电磁战斗序列数据库中的最新信息，必要时还可以得到相关参数。这就使得多国部队可以处理操作改变的事宜，判断当前重组数据的可靠性，如有必要，可以向多国部队的电子战协调办公室及国家相关保障机构明确其中存在的问题。如果没有电子战相互支援，友军系统间的互扰情况就有可能发生。

四、与其他机构的协调

美军认为，国土防卫和民间国防支持机构的任务有可能影响到其他电磁频谱用户的行动，这就对联邦、各州和各地政府机构之间，现场应急处置人

第四章
美军联合电磁频谱作战计划与协调

员之间，公共使用之间的互操作和合作提出了更高要求。

美国北方司令部联合频率管理办公室是该司令部责任区域内指定的主责机构，负责国土防卫和民间国防支援机构所属部队电磁频谱管理的计划与执行。该办公室依据《美国法典》第 10 卷，为国民警卫队执行国土防卫和内卫任务提供支援。当某些联合应急处置行动、任务、训练及多国演习所在区域与战区责任区域重叠或没有明确定义时，由美国北方司令部联合频率管理办公室负责与相应的作战司令部联合频率管理办公室协调用频需求。

通常情况下，国民警卫队对各州州长负责，遵循《美国法典》第 32 卷，主要通过现行的电磁频谱保障途径来提交平时的用频需求。例如，陆军国民警卫队主要通过国民警卫队州一级联合部队指挥部向陆军频率管理办公室提交申请，而空军国民警卫队则通过通信系统部门（A-6）电磁频谱管理办公室向空军频率管理办公室提交申请。所有美国北方司令部的职能部队、保障部队以及下级司令部都需要通过北方司令部的联合频率管理办公室向上提交频率使用申请。依照《美国法典》第 10 卷中对美国北方司令部的规定，部队可以按总统命令进入受影响区域，通常情况是由州长提出要求。北方司令部电磁频谱管理人员将会加入频谱机动小组，帮助协调/整合电磁频谱相关事宜，尽可能细致到最底层。电磁频谱管理人员依据参加应急行动的各部队所提交的申请，保障事件处置中的用频情况，以支持联合部队行动。频率申请依据《美国法典》，应遵循以下过程：国民警卫队州一级联合部队指挥部通过国民警卫队 C^4 系统部门（J-6）的频谱管理机构来申请频率，通过频谱机动小组来协调设备使用。不管是北方司令部，还是国民警卫队（J-6）的频谱管理机构，都需要通过相应的军种电磁频谱管理部门来申请电磁频谱资源。

对于应急事件和演习活动，依据参谋长联席会议主席指令 CJCSI 3320.01《联合电磁频谱作战》，北美防空司令部/美国北方司令部指挥官也需要联合电磁频谱作战办公室来为联合部队提供保障。

应急事件作战计划的主要内容是按照不同任务或任务的不同阶段，明确指挥体系与相互关系。美军要求，作战计划实施中的基本用频需求必须提前确定，并在计划中予以明确，或作为附件附在其后。

第五章

美军联合电磁频谱作战实施与评估

美军的联合电磁频谱作战依据电磁频谱控制计划和电磁频谱控制命令，按照与其他联合作战样式同样的"筹划—准备—执行—评估"流程实施。在联合作战区域内，电磁频谱控制计划和电磁频谱控制命令为联合部队频谱使用的优先级排序、集成、协调、指挥和冲突消除提供指导（这并不意味着对电磁频谱资产的指挥权）。虽然为保证行动的统一，美军联合电磁频谱作战采取集中筹划的模式，要求联合部队的所有电磁频谱传输都必须遵循相关规程，但其实施则采取分散模式，目的是在高度动态的电磁频谱作战环境中，保证最大限度的战术灵活性。在电磁频谱控制命令执行周期的最后阶段，联合电磁频谱作战办公室将根据所属部队的信息反馈，借助计划阶段确定的效能评估标准对联合电磁频谱作战进行评估。

一、作战实施

美军联合部队司令部通常设立电磁频谱控制委员会，并授权由联合电磁频谱作战办公室主任统一领导，统筹联合部队电磁频谱使用的相关事务。该

第五章
美军联合电磁频谱作战实施与评估

委员会并不直接对联合部队电磁频谱传输进行控制，只负责对联合作战办公室拟制并实时更新的电磁频谱控制命令的批准。下属部队的频谱使用，由电磁频谱作战计划人员具体负责，依据电磁频谱控制计划规定的用频优先级排序方案实施。下面从美军联合电磁频谱作战组织部门的角度，对作战实施的基本流程和主要工作予以分析。

（一）确定联合电磁频谱作战关键节点

联合电磁频谱作战办公室依据联合电磁频谱作战附录，确定电磁频谱作战计划和实施的重要节点，按照作战阶段、作战速度、电磁作战环境特征（如动态性），以及其他相关行动（如空战行动、情报行动等）的作战节点来确定电磁频谱作战的作战节点。这一工作可能需要联合电磁频谱作战计划和执行相关跨职能参谋机构的参与。联合电磁频谱作战办公室需要在整个联合电磁频谱作战周期内，对联合部队作战进程各关键节点提供指导，以确保及时有效制定、分发和执行每一份电磁频谱控制命令。

（二）更新并发布电磁频谱控制计划

更新并发布电磁频谱控制计划是联合电磁频谱作战周期的起点。该计划的主要内容包括：一是指挥官对联合电磁频谱作战的相关指导，如制电磁频谱权的目标更新、电磁作战环境的边界变更、交战规则的变更等；二是作战环境联合情报准备的相关信息，如红色/灰色电磁战斗序列的更新、与电磁频谱相关的气象和海洋数据；三是用频优先级的变更；四是电子进攻控制授权/联邦航空管理局的授权；五是电磁频谱协调措施的启用和废止；六是蓝军电磁战斗序列的变更；七是用频分配计划的变更；八是用频任务的变化情况，如分支和后续执行情况、新行动的情况、联合目标协调委员会所批准的电磁相关目标的用频情况等。

（三）调整所属部队电磁频谱作战计划

所属部队要以电磁频谱控制计划为基础，对各自的电磁频谱作战计划进行修订，并对下一阶段作战行动进行充分细致的筹划，重点是明确己方电磁频谱需求出现的变化，查找己方电磁频谱作战方面的不足，最终生成用频优先级排序申请，上报联合电磁频谱作战办公室。

1. 用频申请

各下属部队向联合电磁频谱作战办公室提交用频申请，获取发射电磁能或为战场感知预留电磁频段的授权。电磁频谱控制命令列出了所有经过授权的联合用频情况，包括电磁频谱使用授权。但对于已按照既有电磁频谱协调措施使用其装备的部队，无须再提交用频申请。

2. 非本级的电磁频谱作战支援

对于需要实施电磁频谱作战，但本级未配属相应力量或未获得用频分配的部队，需要向联合电磁频谱作战办公室提交用频申请，进行优先级排序并获得批准。电磁频谱控制命令会列出经过批准且按优先级顺序排列的用频申请及其对应的任务部队，并详细说明与用频申请相关的电磁频谱作战活动。

（四）拟制联合电磁频谱作战计划

联合电磁频谱作战办公室负责对各部队电磁频谱作战计划和参战力量用频申请进行整合、优先级排序、集成和同步，最终生成一份综合性的联合电磁频谱作战计划。联合电磁频谱作战办公室还负责联合电磁频谱作战计划中电子战政策的实施与工程化分析，进而确保其一致性和可行性。联合电磁频谱作战办公室主任需向电磁频谱控制委员会简要介绍联合电磁频谱作战的计划及其对联合部队行动的影响。

（五）生成和分发电磁频谱控制命令

在联合电磁频谱作战计划经电磁频谱委员会批准后，联合电磁频谱作战办公室就要着手生成电磁频谱控制命令并下发部队。

电磁频谱控制命令的主要内容包括：电磁频谱控制命令的阶段性目标、电磁作战环境边界的变更、交战规则、用频优先级、电子进攻控制权/联邦航空管理局授权、电磁频谱带宽分配（包括电磁参数限制条件）、特殊电磁传输

第五章
美军联合电磁频谱作战实施与评估

授权（联合通信电子操作说明及其他必要情况）、电磁频谱主动协调措施（联合限制频率清单、其他必要情况）、联合电磁频谱作战的支撑任务、电磁战斗管理报告程序、电子战重组事项等。

（六）制订电磁频谱作战执行计划

联合部队各下属部队依据电磁频谱控制命令，制订详细的电磁频谱作战执行计划。如果下属部队被指定为负责电磁作战环境某一特定领域作战的部队，就需要对其作战行动进行必要的优先级排序、集成和同步，并发布作战命令或补充命令。下属部队的作战命令或补充命令将上报给联合电磁频谱作战办公室，由其负责分发给联合部队，为其态势感知提供支持。

（七）监控和指导联合电磁频谱作战

在电磁频谱控制命令执行周期内，联合电磁频谱作战办公室将按照电磁作战管理规程，依据作战部门（J–3）的指示和所属部队的反馈信息，监控联合电磁频谱作战的实施，调整联合电磁频谱作战优先级排序，并在必要时重新分配作战任务。随后，联合电磁频谱作战办公室立即以补充命令的形式明确相关变更并下发联合部队，为其态势感知提供支持。关键性的规程包括即时支援申请规程和联合频谱干扰消除规程。

1. 即时支援申请

所属部队在联合电磁频谱作战筹划周期结束后的临时性用频需求，须直接提交至联合电磁频谱作战办公室。联合电磁频谱作战办公室将与各参谋机构进行简要的沟通和分析，确定相关申请的优先级和可行性，随后依据电磁作战管理规程，立即以补充命令的形式，对申请予以批复并下发联合部队，为其态势感知提供支持，同时直接知会可能受其影响的部队。

2. 联合频谱干扰消除

联合电磁频谱作战办公室要负责为遭遇到电磁干扰，但本级没有能力消除或减缓的低层级部队提供支援。如果联合电磁频谱作战办公室仍然不能有效地解决问题，就应考虑是否需要对联合用频进行重新排序或重新分配任务。

如果需要，参谋人员将会立即启动用频或电磁频谱支援需求评估。

二、作战评估

（一）联合电磁频谱作战评估要求

在电磁频谱控制命令执行周期的最后阶段，联合电磁频谱作战办公室将根据所属部队的信息反馈，依据相应效能评估标准对联合电磁频谱作战进行评估。评估方法和标准应在筹划阶段就在联合电磁频谱作战附录中予以明确，评估工作应贯穿电磁频谱控制命令执行全过程。

（二）联合电磁频谱作战评估结果的应用

1. 评估联合电磁频谱作战效果并查找能力差距

联合电磁频谱作战办公室基于评估结果，向电磁频谱控制委员会报告联合电磁频谱作战效能，包括联合电磁频谱作战的效果、相关规程的有效性以及能力方面的差距，并提出针对电磁频谱控制计划的修改建议。

2. 总结分享经验教训

联合电磁频谱作战办公室要对相关经验教训进行总结，并分发至下属部队及相关联合或军种部门。经验教训既可用于指导当前的军事行动，也可为未来危机行动的筹划提供参考。美军要求，联合电磁频谱作战的总结报告须上报至联合经验教训信息系统，并可通过其官方网站进行查询。

3. 更新情报

评估结果是更新联合电磁频谱作战支援情报的重要来源，能确保联合部队及时得到联合电磁频谱作战行动反馈。评估数据还能用来更新自动关联与分析算法，增强准确性，减少不确定性，从而增强态势感知的效率和效能。

4. 指导电子战装备重组

电子战装备重组能够在迅速变化、竞争性不断增强且日益拥塞的电磁作

第五章
美军联合电磁频谱作战实施与评估

战环境中，保持或增强电子战和目标传感器系统装备的效能。电磁作战环境的变化既可能是己方、敌方或第三方故意为之的，也可能是由电磁干扰或其他无意现象引起的。电子战装备重组包括自卫系统的变化、进攻性武器系统的变化、电子战支援系统的变化以及情报搜集系统的变化。各军种和机构都须按照各自不同的电子战装备重组支援计划，对电子战和目标传感器系统装备进行重组。各军种的重组必须要与联合电磁频谱作战参谋机构进行协调，以保证其重组需求得到确认、处理，其可能存在的冲突得到消除，各相关友军部队也能及时对照执行。

5. 开发用频系统的可重构软件波形

这一技术可为不同的宽带或窄带调制技术、通信保密功能及更广频率范围内当前或未来标准要求下的波形要求提供软件控制。软件定义的无线电政策更新就是为了保持或增强自动通信设备效能，适应迅速变化、竞争性更强且日益拥塞的电磁作战环境。

第六章

美军联合电磁频谱作战典型系统与装备

任何新型作战能力的生成与发展，都必须要以新型技术和装备作为支撑，联合电磁频谱作战也不例外。美军为加速推进电磁频谱作战从概念转化为联合实战能力，正着眼网络化、灵巧化、多功能、小型化和自适应等性能目标，大力开展电磁频谱作战系统与装备的革新与研发，其"侦、攻、防、管"四位一体的联合电磁频谱作战系统与装备体系已基本构建完成，从而进一步牢固确立美军在未来战争中的主动权。

一、侦察系统与装备

（一）机载红外搜索与跟踪系统

机载红外搜索与跟踪（IRST）系统是一种远程被动红外探测系统，它是利用目标与背景之间的温差形成热点或图像来探测、跟踪目标的光电系统，是机载武器火控系统的一个重要组成部分。系统本身既能独立对目标进行探测和跟踪，也能与雷达互动执行对目标的搜索和跟踪。IRST 系统通常应用于

第六章
美军联合电磁频谱作战典型系统与装备

空域监视、威胁判断、抗电子干扰、对面对空导弹探测、自动搜索和跟踪目标等作战任务中。

1. 发展概况

机载 IRST 系统的研制始于 20 世纪 50 年代，成熟于 80 年代，并在 80 年代末 90 年代初开始部署使用。美军的机载 IRST 系统发展大致经历了四个阶段：第一阶段的代表是 20 世纪 60 年代美国麦克唐纳公司为美国海军 F-4B 飞机研制的 R1137/AAA-4 型机载红外搜索跟踪系统。第二阶段起始于 20 世纪 60 年代中期，止于 70 年代末，以美国休斯公司为美国海军 F-14A "雄猫"（Tomcat）战机研制的 AN/AWG-9 红外分系统（AN/AWG-9IRSTS）为典型代表。第三阶段是 20 世纪 90 年代中期，典型代表是美国海军的 F-14D "雄猫"战斗机安装的 AN/AAS-42 红外搜索与跟踪系统，主要的作战需求是针对俄罗斯图-22M "逆火"远程轰炸机上强大的电子战装备，以实现在"逆火"和它的护航战斗机携带的强大电磁干扰机的严重干扰条件下工作。第四阶段始于 2007 年，美军开始研究在 F/A-18E/F "超级大黄蜂"（Super Hornet）战斗机上安装新一代红外搜索与跟踪系统。波音公司已与美国海军完成了 Block Ⅱ型 IRST 系统的装机试飞。该型系统可提供更远的探测距离和高精度瞄准能力，同时还能提高生存能力，并成为 F/A-18E/F "超级大黄蜂" Block Ⅲ型的重要配置，已于 2021 年开始交付美国海军并形成初始作战能力。

2. 系统组成及功能

典型的 IRST 系统由光机扫描、红外探测、信号处理和显示装置等部分组成。系统组成原理如图 6-1 所示。

美军"超级大黄蜂"战机的 IRST 系统工作在长波波段或者中波、长波双波段，具有更高的灵敏度、分辨率。系统使用长波红外汞镉碲探测阵列，可搜索大角度视野内的一切热源。目前，已经得到应用的 IRST 系统大多是第二代红外系统。Block Ⅱ型 IRST 系统由无源长波红外接收器、信号处理器、惯性测量单元和环境控制单元组成，装在"超级大黄蜂"腹部油箱的前端位置以获得最大的探测视角，而副油箱还能装载 330 L 的燃油。与吊舱式红外搜索与跟踪系统相比，它的优势在于不占用武器挂架。

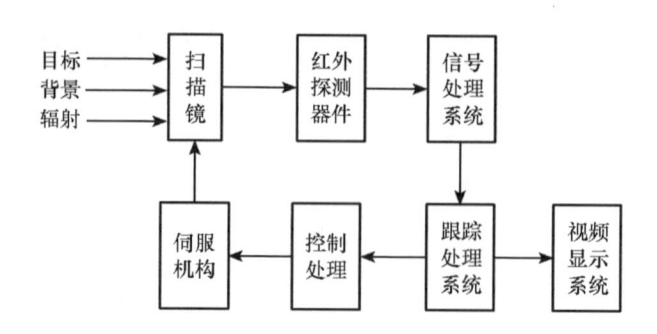

图6-1 IRST系统组成原理框图

由于IRST系统不受电子干扰影响且不发射主动信号，所以能增强战机在复杂环境下的作战和生存能力，可用来快速探测和跟踪飞机或导弹等具有威胁的红外目标。只要在其探测范围内，它的侦测效率甚至能超过传统雷达，而且IRST系统是被动追踪，因此不像雷达信号会被敌方反制系统侦知。

与雷达相比，IRST系统很像一个宽视场的监视雷达，除具有全天候、抗干扰、隐身能力强、隐蔽性好等特点外，还具备探测距离远、分辨率高和多目标搜索跟踪能力。机载IRST系统的分辨率较高，当敌机编队来袭时，能比雷达更快提供各架飞机的位置，并且对移动目标的跟踪比较精确。系统获得的信息可自行运用，也能与其他传感器获得的信息相融合，进一步提升战斗机飞行员的态势感知，让其在远距离就能探测、识别、接战敌对目标，拥有"先敌发现、先敌射击"的先发制敌能力。"超级大黄蜂"的红外搜索与跟踪功能强大，可在各飞行阶段以被动方式探测多种目标，无须担心电子探测及无线电频率的反制，提供机上任务计算机记录各目标的跟踪数据，同时将图像提供给座舱内显示器，它可使用边跟踪边扫描模式或单目标跟踪模式进行工作。

3. 作战运用

由于IRST系统不能靠自身精确测距，所以通常它仅仅是被当作一个辅助设备使用，并不能取代雷达的作用。在作战时使用雷达，在其他时间使用红外搜索与跟踪系统，可让敌人毫无所觉，进而为空战创造胜利基础。IRST系统扫描空域的方式与雷达相近，发现敌方踪迹时会在显示器上呈现目标的位

第六章 美军联合电磁频谱作战典型系统与装备

置及相关信息;操作方式也与雷达相近,飞行员可设定仅跟踪特定的目标或是仅扫描疑有敌机出没的特定方向。红外搜索与跟踪系统也适用于空对地任务,可提供准确的地面移动目标指示以及大范围地面图像更新。

配备 Block Ⅱ 型 IRST 系统的单座 Block Ⅲ "超级大黄蜂"能够探测并追踪到低可观测的飞机,例如 J-20 或 Su-57。但是,单独的 Block Ⅲ 战机将无法对隐形飞机进行跟踪并使用武器,因为红外传感器无法独立产生关于距离的数据。但是如果将两架飞机的系统相结合,融合算法,就能对其使用武器进行锁定。

Block Ⅱ 型 IRST 系统能够瞄准雷达视距外的敌机,具备"先敌发现,先敌射击"能力和反隐身能力,使飞行员具有更长的反应时间。此外,多架"超级大黄蜂"采用松散编队,可以通过战术目标瞄准网络数据链共享 IRST 系统的跟踪数据,再通过分布式瞄准处理器-网络计算机进行融合处理,就可以对多个目标进行无源定位,确定每个目标的距离和航向。图 6-2 为 IRST 系统与主动探测雷达以及数据链协同工作模式示意图。

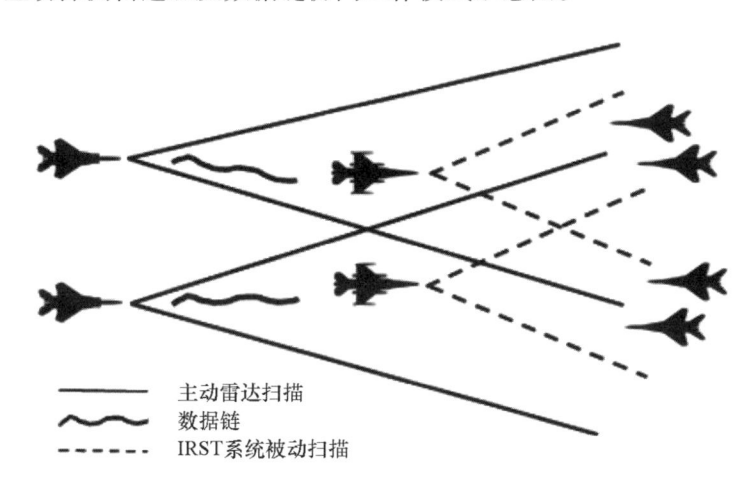

图 6-2 ISRT 系统与主动探测雷达以及数据链协同工作模式

随着美国国防战略的重心从反恐转向大国竞争,美军规模庞大的三代机群必须考虑应对同等对手的隐身战机和雷达拒止能力。显然,高性能的 IRST 系统是美军的优先选项之一。ISRT 系统可以赋予美军三代战机反隐身能力,并有效提高战机在雷达拒止环境中的生存能力,以及与现代对手的空战能力。

(二)"前锋"监视雷达系统

1. 系统概况

模块化多功能监视雷达系统"前锋"(Vanguard)是美国诺斯罗普·格鲁曼公司(以下简称诺·格公司)最新推出的下一代雷达的雏形,它是美国空军新一代地面监控系统的重要组成部分。早在2013年,该公司就悄然启动了"前锋"雷达架构的开发工作,目标是"重新发明有源电扫描阵列(AESA)",以寻求从仅针对一种应用优化的高度定制的AESA系统转变为模块化的方法。2017年,美国空军在为E-8后继机项目发展先进广域监视雷达的工作中,选择了诺·格公司的"前锋"方案,该相控阵雷达方案采用氮化镓技术,战胜了雷神公司的"阿基米德"(Archimedes)方案。该雷达采用开放式任务系统标准和氮化镓元件,比以前交付给美国政府的任何机载雷达都更灵敏,能够探测陆地上低速运动的物体,甚至是海上的潜艇潜望镜。

2. 结构及特性

"前锋"系统采用了基于面板的模块化结构,符合开放式架构的行业标准,可以轻易扩展并应用于多种任务和平台。诺·格公司将"前锋"面板作为构建众多未来雷达孔径的基石。"前锋"构建模块可以构建出各种大型和小型的雷达系统。它的每个面板都是一个灵活的构建模块,可以根据不断变化的任务要求进行定制。面板的面积约为1ft^2(约0.093 m^2),可以灵活地安装在飞机或吊舱上。每个面板既可以作为一个独立孔径来完成特定任务(雷达、通信或电子战),也可以与其他面板连接,形成一个一体化的、更大的阵列。例如,在六面板阵列中,四个面板可配置为合成孔径雷达(SAR)的孔径,一个面板可配置为电子战孔径,另一个面板可配置为通信孔径,来传输所收集到的数据。与传统的联合任务系统解决方案相比,这种多功能一体化配置方案降低了对整体体积、重量和功率的要求。此外,"前锋"面板可以现场更换而无须返厂维修和校准,从而节省了生命周期成本,缩短了维护时间,减轻了系统维护对正常工作的影响。图6-3为"前锋"模块化结构示意图。

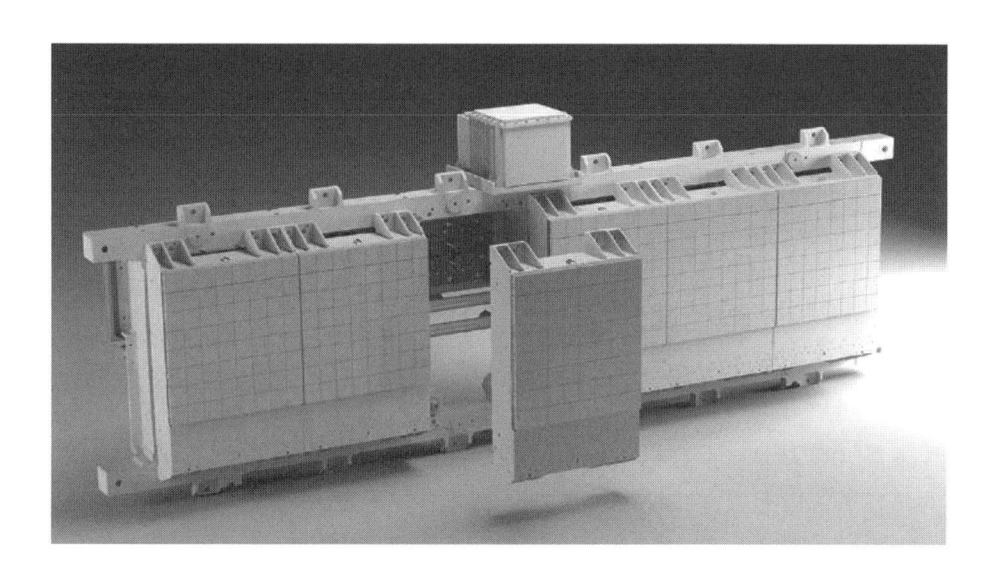

第六章
美军联合电磁频谱作战典型系统与装备

图 6-3　"前锋"模块化结构示意图

"前锋"解决方案还具有软件定义特性：一是面板的配置是由软件定义的，不需要对硬件进行调整；二是用户可以通过多种方式利用设备的数字输出和通用处理方法。

3. 系统功能

"前锋"监视雷达系统的模块化系统允许单一平台利用雷达完成多种功能，其主要任务是空中对地监视，具有合成孔径雷达和地面移动目标指示器（SAR/GMTI）模式。此外，"前锋"系统还可以同时执行其他任务，包括通信、电子支持措施和信号情报。

从 2017 年 4 月开始，诺·格公司已经对"前锋"监视雷达系统进行了十多次严格的飞行测试，系统显示了超预期的稳定性、可靠性和性能。在 6 个月的飞行测试中，"前锋"监视雷达系统已经展示了以下关键功能：一是 X 和 Ku 波段组合使用，即使用 X 波段进行全天候、远距离跟踪，使用 Ku 波段近距离成像，还可以在 X 和 Ku 两波段之间自由切换；二是广域监控，既可以承担 SAR/GMTI（合成孔径雷达和对地面移动目标跟踪搜索）的任务，也可以进行电子侦察和通信等任务；三是快速接入，可以采用第三方软件快速接入开放式任务套件战斗管理指挥和控制系统。此外，该系统还具备先进的电子防护能力，并能用于低速目标跟踪（GMTI 或 DMTI 模式）和雷达测绘。

（三）先进射频测绘系统

美军认为，在不断变化的电磁环境中作战，需要实时掌握战场电磁态势，以促进部队电磁频谱的规划和使用效率。为此，DARPA 开发了先进射频测绘（RadioMap）系统，旨在将战场上已经部署的无线电台与射频对抗系统综合在一起，为美国海军陆战队提供实时的射频频谱态势感知信息（包括频率、位置和时间）。RadioMap 系统将利用现有的战术无线电台、无线电控制简易爆炸装置（RCIED）干扰机和其他射频系统的能力，在不影响各设备主要功能的情况下，以无源方式提供频谱态势信息。

1. 系统功能

RadioMap 系统向作战人员提供了一个可以准确了解当下和潜在的频谱干扰和使用情况的工具，使频谱管理更有效。例如，某前沿部署单元可能预留了一个特定的频率，供紧急情况下备用通信链路使用。但由于战场态势的不确定性，该频率最终没有使用。而 RadioMap 系统能探测且直观呈现频谱使用情况，包括未使用的频率，并将其快速分配给其他需求，提高任务效率。DARPA 将 RadioMap 比作"电子警察"，RadioMap 提供了复杂环境中频谱使用的精确图像，它并非用来显示特定射频传输的细节，而是确定频率的使用情况，从而可以更好地为作战人员提供频谱规划和分配支持。

2. 系统组成

RadioMap 是基于三个级别的软件技术。顶层软件主要用于关注热图和射频态势感知，通过信息显示使海军陆战队或士兵实时了解频谱环境。若是高功率发射器，就会在热图上显示一个暖色调区域；若是低功率设备，就会在热图上显示一个冷色调区域。它能使士兵看到射频频谱发射的具体地理位置。中层软件是无线和大规模分布式操作管理传感器网络，它处理顶层应用传感器之间的消息传递，并统计在用的网络吞吐量。该软件还能识别底层（或传感器层）有多少资源在用，以及在一定频率范围内传感器监测到什么。而底

第六章 美军联合电磁频谱作战典型系统与装备

层软件被植入各种战术传感器（如电台、干扰机等任何可以感知射频环境的设备），并不会影响这些设备原来的功能，或影响微乎其微。

3. 研制阶段

RadioMap 的研发工作于 2012 年启动，共分三个阶段实施，于 2018 年 4 月底完成。在第一阶段，重点开发了生成动态热图的算法，采用商用现货设备并聚焦于绘制热图背后的基本科学知识。第二阶段改进了软件，增加了一些对异常信号的监测能力，开发了连接传感器与 RadioMap 应用的基线版软件。第三阶段则旨在将第一和第二阶段开发的技术集成到一个完整的系统中，以寻求跨频率、地理与时间的无线电频谱实时感知。这一阶段重点关注实际部署的硬件，例如反无线电控制简易爆炸装置电子战（CREW）系统和哈里斯公司研制的"猎鹰"Ⅲ AN/PRC-117G 背负式无线电台。此外，该阶段还开发了旨在融合美国海军陆战队低空飞机（如直升机或无人机系统）上的传感器数据以增强射频测绘能力的方法。

项目开发完成后，美国海军陆战队向全军开放了 RadioMap 软件资源库，以便其他军种也能在需要时下载使用。美国陆军已尝试将其集成到为电子战规划与管理工具（EWPMT）开发的某些系统中。

（四）RQ-7"影子"无人机

美军现役侦察无人机型号多样，低、中、高空全面覆盖，未来也将成为美军电磁频谱作战的主要侦察装备之一。来自 Military Balance 的统计数据显示，美军侦察无人机占无人机总装备量的 50.4%，其中 RQ-7B"影子"装备数量最多，占无人机总装备量的 24.6%。

1. 基本概况

RQ-7 是"影子"系列中的无人机系统，享有"陆军之眼"的美称，可以让陆军指挥官在作战中"第一时间发现，第一时间了解，第一时间行动"。RQ-7（A/B）"影子200"是美国陆军于 1999 年 12 月选用的一款无人机（此前被称为战术无人机），主要满足旅级部队对无人机的需求，支援地面机动指挥官。RQ-7B 是 RQ-7A 的改进型，于 2002 年 9 月被批准进入批量生产并形成初始作战能力，首架 RQ-7B 于 2004 年 8 月交付。该无人机安装了高带宽的战术通用数据链，翼展 4.3 m，航程 125 km，飞行高度 1 000～1 800 m，升限 4 500 m，飞行最高时速 200 km/h，滞空速度 111 km/h，装有电视/红外侦察设备、激光指示器、红外照射仪及通信中继组件和一台改进的飞控计算机。RQ-7BV2 是"影子"无人机的改进机型，作为一款全数字现代无人机系统，于 2015 年 1 月开始装备美国陆军现役部队。它具备情报、监视、侦察、通信中继、战场损伤评估等功能，可单独作业，也可和有人驾驶飞机配合使用。与前一代系统相比，RQ-7BV2 使用了改进型机身、通用型地面控制站、通用型地面数据终端和高带宽加密型数据链。

2. 系统组成

RQ-7B "影子"无人机系统属于小型无人机，如图 6-4 所示，采用弹射方式通过导轨发射。全套系统包括飞机、任务载荷模块、地面控制站、发射与回收设备和通信设备，满负荷系统可连续执行任务 72 小时。机上装有一套安装在万向支架上的光电/红外传感器，其图像可通过 C 波段实现数据链实时转发。

3. 系统功能

"影子"无人机的设计目标就是为地面指挥员提供侦察手段，它的功能有战场监控、目标定位和战斗损失评估。装备"影子"无人机的战术无人机系统通过使用陆军战术通用数据链，支持多平台近实时连接与互通，可在昼间、夜间和恶劣天气条件下执行战场监视、战术侦察和通信中继任务。红外和激光传感器可为人员提供夜视目标指示，为"地狱火"导弹和其他激光制导武器提供激光指示，通信中继可将话音通信距离延长到 100 km。"影子"地面控制站能以近实时的速度将图像与遥感勘测数据转送到 E-8 "联合星"飞机、全源分析系统以及陆军战地火炮目标跟踪与指示系统，RQ-7 还可以为精确制导武器提供近实时目标定位数据。

第六章
美军联合电磁频谱作战典型系统与装备

图 6-4 通过弹射方式发射的 RQ-7B"影子"无人机

4. 典型应用

RQ-7B"影子"无人机已服役约 20 年，曾参加过伊拉克战争和阿富汗战争。从 2003 年开始，"影子"无人机就在伊拉克战场上给美国和盟国部队提供帮助。2011 年，美国海军为了满足阿富汗战场的需要，在 RQ-7B"影子"无人机的机翼下加装了一对能用于通信中继、信号情报和电子攻击的吊舱，提高了其侦察与攻击能力。在上述两个战场，美国陆军和海军陆战队装备的"影子"无人机共出动 37 000 余飞行架次，总共飞行超过 18 万小时。目前，美国国防部共有 117 套"影子"无人机系统，分别由陆军、海军陆战队以及特种作战司令部支配。其中，美国陆军旅级部队通常编设无人机排，其战术无人机系统装备 4 架 RQ-7B"影子"无人机，主要执行中等距离（125 km 以下）、中航时（5~10 h）作战任务。美军已启动一项名为"未来战术无人机系统"（FTUAS）的计划，旨在寻找 RQ-7B"影子"无人机的替代者，目标是实现垂直起降、不受跑道情况影响、声音特征更小，能为指挥官提供"移动"侦察、监视和目标获取能力。

二、攻击系统与装备

(一) 高功率微波武器

美国高功率微波武器的研究起源于1962年7月8日进行的"海星一号"高空核试验。美军因高空核爆炸的电磁脉冲效应开始重视高功率微波技术,并陆续发展了比较完备的高功率微波武器关键技术。从21世纪初开始,随着高功率微波技术的不断成熟,美国开发出了多种不同用途的高功率微波武器演示样机,主要包括主动拒止系统(包括人员拒止与小型武器装备拒止等)、反电子系统高功率微波先进导弹项目(CHAMP)、"警惕之鹰"(Vigilant Eagle)陆基微波武器系统、GPS/INS制导炸弹载高功率微波头、MAXPOWER排雷防爆系统、电磁炸弹、Phaser反无人机装置等。下面重点介绍反电子系统高功率微波先进导弹项目和"警惕之鹰"陆基微波武器系统。

1. 反电子系统高功率微波先进导弹项目

反电子系统高功率微波先进导弹项目(CHAMP)是美国空军研究实验室于2009年4月正式启动的一个联合能力技术演示验证项目,其总目标是研制1个紧凑型高功率微波有效载荷和5个空中飞行平台演示器,并将有效载荷集成到空中平台演示器上,以用于战争初期的战略空袭或夺取制空权等。

目前,关于CHAMP的各项技术指标均属于保密范畴,无论是美国空军、波音公司,还是雷神公司,都没有透露该项目的技术细节。从公开资料来看,CHAMP武器系统主要包括巡航导弹载荷平台与高功率微波系统以及武器相关的控制器件。CHAMP载荷平台使用的是波音公司的AGM-86常规空射型巡航导弹,下一步有可能集成到联合空地防区外导弹上以获得更大的作战效能,并逐步部署到无人机、战斗机等作战平台。自2011年5月起,美军已经进行了多次CHAMP项目机载飞行试验,试验证明,CHAMP导弹可以在一次单独的任务中对多个目标进行有选择性地高功率微波攻击,且不对目标外的其他设备造成附带损害,使其能够应用于繁华的闹市或目标被重要设施围绕的作

第六章
美军联合电磁频谱作战典型系统与装备

战环境中。

CHAMP依靠定向发射高功率微波波束对目标实施打击，可以实现多种打击效果：一是破坏各种武器平台的电子设备。战机、战舰、无人机等现代主战武器平台对微处理器具有极高的依赖性，当遭遇到高功率微波导弹的高功率微波攻击后，电子设备将处于瘫痪状态，丧失作战能力，甚至可能导致坠机。二是当攻击具有吸波性能的武器平台时，高强度微波易被隐身材料和隐身涂料吸收，由于高功率微波的能量密度比雷达微波高几个数量级，轻则可使机壳燃烧，重则可使武器即刻熔化。三是杀伤人员，高功率微波对人员的杀伤分为"非热效应"和"热效应"两种。"非热效应"是指微波强度较低时，使人员产生烦躁、头疼、神经错乱和记忆力衰退等现象；而"热效应"是指在强微波的照射下，使得人眼失明、皮肤及内部组织严重烧伤甚至导致死亡等现象。

经过60多年的发展，高功率微波技术武器化所需各项关键技术已经取得重大进展，对于美军来说，发展能够进行远程精确打击的CHAMP系统仍是优先之选，这不仅符合美军军事战略需求，而且可通过发挥美军在远程侦察、突防与打击等方面的军事优势来谋求在电磁领域的控制权。

2. "警惕之鹰"陆基微波武器系统

"警惕之鹰"是美国雷神公司研发的一款陆基微波武器系统，它以传统的微波技术并辅之以有源电扫描阵列雷达技术为基础进行建造，集探测、跟踪、干扰、破坏于一身，能对抗空对地导弹和灵巧炸弹，主要用于保护机场等关键设施。该系统主要包括三个相互连接的部分：分布式导弹预警系统（MWS）、用于指挥与控制的计算机系统、高功率微波固态发射机（HAT）。MWS是预先放置的被动红外传感器网格，安装在移动电话信号发射塔架上或建筑物上以覆盖所需探测的空间，并连接到一个控制中心。HAT由广告牌大小的高效率电扫描阵列天线和与之相连的固态放大器组成。由于每枚导弹由至少两个传感器进行三角测量定位，因此该系统的虚警率极低。当"警惕之鹰"对抗来袭导弹时，位于控制中心的指控计算机系统首先计算出来袭导弹的弹道，向HAT提供瞄准指令，并计算出来袭导弹的发射点；然后HAT瞄准导弹，按照指令射出一束电磁波束干扰来袭导弹的内部设备，使导弹偏离方向而无法命中目标。"警惕之鹰"系统还可对多枚导弹实施拦截，高功率微波束照射来袭导弹 1~2 s，就可干扰导弹的制导。一旦导弹的制导功能被干扰，MWS 传感器就能探测到导弹偏离预定弹道，即可确定拦截成功，然后引导 HAT 瞄准来袭的第二枚导弹。

从高功率微波武器战略需求上来说，美军并不需要进行本土防御的高功率微波武器系统，而是需要能够适应美军全球精确打击的高功率微波武器系统。但从目前的技术发展来看，这项技术要转化为美军的理想武器，需要解决两大问题：一是体积大，二是有效作用距离短。美国空军研究实验室、圣地亚国家实验室以及 Ktech 公司在紧凑型脉冲功率技术、线性加速器技术、高功率微波源等方面投入了大量的研究力量，同时也开展了大量关于高功率微波的基础研发，从而为高功率微波技术武器化打下坚实的基础，以协助美军在未来电磁频谱作战领域中获得领先的军事技术优势。

（二）AN/ALQ-99 机载电子干扰吊舱

1. 发展概况

AN/ALQ-99（V）是 20 世纪 60 年代研制的，它的首次应用是装在诺·格公司 EA-6B "徘徊者"电子战飞机上，可对预警雷达、地面引导截击雷达以及地空导弹的探测雷达等实施有效干扰。后来美国空军开始注意到该系统的性能，并研究生产了美国空军的改进型号 ALQ-99（V）。1977 年 3 月，第一架装备 ALQ-99（V）的 EF-111 飞机开始飞行。ALQ-99（V）是从海军的"灵巧"干扰系统的要求发展起来的，它除了为海军的机载和舰载装置提供电子覆盖外，还能对抗各种不同的现有和未来的威胁。基本型 ALQ-99（V）只覆盖 4 个干扰波段（1，2，4 和 7），装备头批 23 架 EA-6B，它们于 1972—1973 年在南亚执行任务。扩展能力型 ALQ-99（V）是基本型的替代产品，其频率覆盖范围增加了一倍（1，2，4，5，6，7，8，9）。改进能力型（ICAP）ALQ-99（V）是 1976 年服役的产品。ICAP 的改进之处在于减少了反应时间，采用新的编码器、数字发射机调谐和改进的多格式显示器。经过

第六章
美军联合电磁频谱作战典型系统与装备

ICAP-Ⅰ型改进的 AN/ALQ-99（V）系统，装备于美国海军舰载电子战飞机 EA-18G"咆哮者"。ICAP-Ⅱ型是 ALQ-99V 的第四种改进型（ALQ-99F），于1980年首次飞行。该型的特征是改善了干扰机管理，增强了威胁识别能力，采用了新的多波段激励器，增强了软件和显示器，容易维护以及改善了可靠性。ICAP-Ⅲ型通过改善 ALQ-99（V）干扰系统，更新战术显示系统，改进机载系统的可靠性和可维护性，并与 USQ-113（V）通信对抗系统进行应用集成。

2. 系统组成及技术特点

一个完整的 AN/ALQ-99（V）系统包括5个外挂发射机吊舱、1个系统综合接收机（SIR）子系统、1部系统计算机和2个操作员工作站。发射机吊舱是1个普通的 4.7 m×0.7 m×0.5 m 方舱，配有硬背，可支撑以下舱内设备：1部前向发射机、1部后向发射机、1台安装在头部的 27 kVA 冲压式空气涡轮发电机、1个安装在中间位置的通用激励器装置、1个吊舱控制装置、2个方向可控的高增益发射天线阵。

3. 性能参数

ALQ-99（V）是一个复杂的且能力很强的战术干扰系统。其干扰的波段和频率覆盖为：波段1（VHF）、波段2（VHF/UHF）、波段3（0.3~0.5 GHz）、波段4（0.5~1.0 GHz）、波段5（1.0 GHz）、波段6（2.7 GHz）、波段7（2.6~3.5 GHz）、波段8（4.3~7.0 GHz）、波段9（7.0~10.0 GHz）和波段10（12~18 GHz）。干扰功率密度为 1 kW/MHz，每部发射机的发射功率为 1~2 kW（连续波），峰值有效辐射功率为 100 kW。

4. 作战运用

ALQ-99（V）旨在干扰敌方陆基、舰载和机载指挥控制通信和雷达，使它们不能完成预警、目标捕获监视、反飞机炮，以及空对地、地对地和地对空导弹攻击等任务。它保障了以航空母舰为基地的战术飞机和战斗机群在密集的雷达控制的环境中进行作战。系统具有全自动、半自动和手动三种工作模式。在全自动模式时，系统计算机对接收到的信号进行分选，选择合适的干扰响应，并启动干扰。在半自动模式时，由计算机识别威胁，给出威胁的优先等级，系统操作员选择特定威胁并启用相应的干扰。在手动模式时，每一名操作员监控各自的波段，对威胁进行识别，并采取对应的干扰措施。

系统可施放瞄准干扰、双频干扰、扫频干扰和噪声干扰等，可侦收电子情报。当系统不作为干扰机使用时，其 SIR 子系统可作为一种电子情报搜集工具来使用。

（三）电子攻击性无人机

目前，美军装备的典型电子攻击性无人机主要有 MQ-1B"捕食者"、MQ-1C"灰鹰"、MQ-9"收割者"以及具备一定电子战能力的"苍鹰"（Aquila）、"勇敢者"（Brave）、"蝙蝠"系列无人机。

1. MQ-1C"灰鹰"无人机

"灰鹰"无人机是由 MQ-1B"捕食者"改进而来的新型无人攻击机。该机于 2004 年第一次试飞，2009 年开始服役。与"捕食者"相比，"灰鹰"无人机具有较宽的翼展，机身长 8.53 m，高 2.13 m，翼展宽 17.07 m，工作范围可达 370.4 km，其配备的 Thielert Centurion 1.7 重油发动机支持陆军"战场上的单一燃料"概念，能够提供更强的马力和更高的燃油效率，可以支持该机型在 7.62 km 高空飞行 36 h。"灰鹰"无人机配备了卫星控制系统，最大起飞质量 1.6 t，实用升限 8.53 km，可外挂 362.87 kg 载荷，巡航速度 60 km/h，安装了 4 个外挂点，可挂载多种载荷执行任务。"灰鹰"无人机携带的有效载荷主要包括光电/红外/激光测距仪、激光指示器、通信中继器等。

"灰鹰"无人机装备了合成孔径雷达、地面移动目标指示系统和 AN/AAS-52 多光谱瞄准系统，具有侦察、监视、目标探测、指挥控制、通信中继、发送与接收信号情报、电子对抗、攻击、杀伤武器的侦察与探测、战斗损害评估和有人/无人协作等功能。"灰鹰"无人机装备陆军师级单位，用于支援炮兵、战场侦察部队、作战部队、陆军特种部队和空中搜索部队等完成任务，可以提高师级部队指挥官在战场侦察和空对地袭击作战中的技术作战能力。

美军正着手将 MQ-1C"灰鹰"无人机改为新型远程无人机，即 MQ-1C

第六章
美军联合电磁频谱作战典型系统与装备

"灰鹰"增程无人机。MQ-1C"灰鹰"增程无人机除了能够协助地面部队执行通信中继和武器投送任务之外,还能执行远程情报、监视和侦察行动。与现有的无人机系统相比,MQ-1C"灰鹰"增程无人机的最大优势就是它能够连续飞行几十个小时。在最近一次续航试飞中,这种新型远程无人机飞行了41.9 h,大大超过了现有"灰鹰"无人机的续航能力。

2. MQ-9"收割者"无人机

MQ-9"收割者"无人机(亦称"死神"无人机)是美国通用原子航空系统公司研制的中高空、长航时"捕食者"无人机的衍生型号,主要用于发现和打击关键敏感目标,也可作为情报收集平台。2001年首飞,2004年开始装备部队。美军已经大量装备该机型,数量达112架。MQ-9"收割者"无人机长11 m,高3.8 m,翼展20.1 m,有效载荷(油、弹)1 700 kg。该机的动力装置为1个提供900轴马力的TPE331-10GD涡轮发动机,最大速度370 km/h,最大航程3 022 km,可在15 000 m高度持续飞行超过24 h。

一套MQ-9系统包含4架无人机、1个地面控制站和1套"捕食者"主卫星链路。MQ-9"收割者"无人机系统中的无人机可使用自身的传感器跟踪目标,利用所搭载的轻型空地导弹和制导炸弹进行攻击,或将瞄准信息传输给其他攻击平台。该机目前使用的传感器是美国雷神公司的"B型多光谱瞄准系统",以及1台合成孔径雷达和1台激光测距仪/目标指示器,可使用的武器包括AGM-114型空地导弹和227 kg级的GBU-12型制导炸弹,美国空军还希望能为该机集成227 kg级的JDAM GBU-38型和113 kg级的SDB GBU-39型制导炸弹。

MQ-9"收割者"无人机的主要电子攻击载荷是"潘多拉"电子战系统。"潘多拉"电子战系统是诺·格公司研制的APR-39电子战有效载荷的低成本衍生型号,可以提供电子攻击、电子战支援和电子防护能力。该轻型、低功率系统拥有灵活的体系结构,可以满足不断提出的新需求,而且支持开放式接口,能够进行集成和互操作。在2013年4月进行的演示中,挂载了干扰载荷的"收割者"无人机在雷达探测距离外成功干扰了电子战靶场的两部预警雷达,使有人作战飞机能够成功打击其目标,标志着无人机能够通过干扰雷达掩护攻击机完成打击任务。

3. 其他无人机

在支持电磁频谱作战方面，其他无人机主要载荷包括装在"苍鹰"无人机上的 ESM – ECM 一体化干扰系统、装在"勇敢者" – 200 上的 AN/ALQ – 176 雷达干扰机以及 AD – G/EXJAM 干扰机和轻型模块化支援干扰机（LMSJ）等。其中，LMSJ 是一种小型高功率干扰系统，其关键技术有"数字通用模块"（射频功率放大器模块）和天线阵列孔径模块，还有研发雷达和通信干扰波形与技术。该系统具有多种输出功率，频率覆盖范围大（最初为 20 MHz ~ 4 GHz）。LMSJ 的重点是激励器、发射机和可控孔径，其发射机不是全向的，而是集中干扰功率，以便对目标区域的飞机或一个阵地的防空雷达进行电子干扰。LMSJ 技术已经被集成到先进威胁告警接收机中，并做成一种体积紧凑的载荷，在"航空星"（Aerostar）无人机上进行过试飞。

（四）美国海军"下一代干扰机"系统

1. 系统概况

美国海军"下一代干扰机"（NGJ）是一种机动性极强、大功率、宽带、网络化、波束可操纵、远距离、基于软件无线电理念的干扰系统，主要装备于美国海军尼米兹级核动力航母上的 EA – 18G "咆哮者"舰载电子战飞机。NGJ 由分置在"咆哮者"左侧和右侧的两个吊舱组成。每个吊舱均由 AESA、接收机、处理器、干扰源、发电机和冷却系统等组成。NGJ 吊舱是一个独立系统，质量约为 545 kg，能自行生成功率、自行冷却和发射，与载机只需进行信息交互。在飞行期间，NGJ 吊舱完全封闭，通过流线型结构降低飞机的飞行阻力。该项目解决了 AN/ALQ – 99 战术干扰系统的短板，通过开放式系统结构极大提高了雷达干扰和通信干扰能力，可以迅速对抗新威胁。图 6 – 5 为电子战飞机搭载 NGJ 吊舱示意图。

2013 年 7 月，美国海军与雷神公司签署了 NGJ 第一期项目。NGJ 已经发展成为美军联合电磁频谱作战的主要机载电子攻击装备之一。美国海军倾向于将 NGJ 建设成为一种全频谱的干扰机，并作为美国海军电磁机动战中最重

第六章
美军联合电磁频谱作战典型系统与装备

图 6-5　电子战飞机搭载 NGJ 吊舱示意图

要的进攻手段，采用高功率的干扰波束对敌人电磁通道进行高精度、高效率的干扰，同时还能够拒止敌方的电磁攻击手段，保护己方在复杂电磁环境下的作战。

2. 系统开发阶段

由于受到资金预算的限制，美国海军计划以"增量式"策略来部署 NGJ 干扰机。NGJ 项目分为 3 个增量阶段进行开发，分别为增量 1（中波段）、增量 2（低波段）和增量 3（高波段）。

NGJ 增量 1 阶段主要研究敌方在中频电磁频谱中的威胁行动，以提供中波段的电子攻击能力，可从更远的距离对敌方威胁目标实施有效防区外干扰，具备更强的干扰能力（干扰分配数量），以及对抗区域拒止/反介入环境中一体化防空系统的能力。考虑到俄罗斯、伊朗等国家当前的防空系统中的海基雷达、陆基雷达和机载雷达的波段大部分集中在 S 波段和 Ku 波段，可以推测 NGJ 增量 1 阶段吊舱的工作波段为 2~18 GHz。2016 年 4 月，美国海军 NGJ 增量 1（NGJ Inc 1）项目正式获得"工程与制造研制"阶段的批准，并授出了研制合同。2017 年 5 月中旬，美国海军航空系统司令部机载电子攻击系统

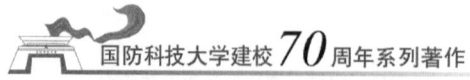

和 EA-6B 项目（PMA-234）办公室完成了 NGJ 增量 1 阶段中波段项目的重要设计审查。2020 年 8 月，NGJ 中波段吊舱开始在 EA-18G 飞机上进行飞行测试。截至 2022 年 8 月，主承包商雷神公司已向美国海军交付 6 套"下一代干扰机"中波段吊舱，开始初始作战部署。

NGJ 增量 2 阶段主要针对低波段进行改进。2016 年 7 月，美国海军发布了 NGJ 增量 2 阶段信息征集书，并于 2022 年开始进行竞争性招标阶段。NGJ 增量 2 将具备低波段的干扰能力。由于现在世界各国都在研制低波段的反隐身雷达，因此可以推测，NGJ 增量 2 阶段吊舱的工作波段为 30 MHz～2 GHz。NGJ 增量 2 吊舱系统将重点应对不断增长的低频雷达威胁，其性能需求主要包括频率覆盖范围、等效全向辐射功率、天线极化方式、空域覆盖范围、干扰分配数量与类型等。

NGJ 增量 3 阶段主要针对高波段电子对抗进行改进，目前尚未进入实质性研发阶段，初步计划在 2024 年部署，预计 NGJ 的工作波段将把 18～40 GHz 的部分包含进来，从而具备对抗毫米波导弹制导雷达的能力。

目前 NGJ 的部署平台均确定为 EA-18G 电子战飞机，该机典型的配置是在机翼下携带 2 个"增量 1"干扰吊舱，在机腹中线携带 1 个"增量 2"干扰吊舱。美国海军表示，未来还将把 NGJ 部署或集成到其他的有人机和无人机上，如目前正在研发的"舰载监视与打击无人机系统"。此外，海军陆战队的 F-35B 预计会是另一种载机平台。

3. 系统主要能力

NGJ 是美军未来机载电子攻击"系统之系统"中的核心。与之前的干扰机相比，NGJ 最重要的改进方向就在于全面采用了数字技术，包括接收机和干扰机等，大大增强了系统的可靠性和灵敏度。而且，由于采用数字波束技术，发射出去的干扰波功率显著提高，对敌人的干扰效果和自身的抗干扰能力明显增强，并且可以针对多个不同频率上的威胁目标同时实施高效干扰。与 ALQ-99 相比，NGJ 不仅增强了传统电子吊舱的电子对抗能力，还因新技术的引入而具备了新的功能。它的主要新能力包括：

一是电子对抗和信号情报功能。NGJ 将提供全频谱干扰能力，能让简易爆炸装置的遥控引爆失效，同时可以探测并干扰多种雷达和通信信号。

二是网络作战能力。NGJ 能在指挥网络中植入病毒。NGJ 通过 AESA 辐射源生成远程数据流，这些数据波束含有专门的波形和算法，可以像钥匙一样去打开网络。由空中发动的网络攻击可以关闭工业系统以及核设施。

三是智能干扰能力。准确地识别信号并确定其位置是干扰工作的关键。一旦锁定一个威胁，NGJ 将能够接收其发出的各种信号，在频率和波形等方面对反干扰的各种变化做出反应，无须依赖 EA-18G 飞机自身的电子战支援措施来控制。

四是完全可编程。例如，它将采用高速数-模转换等软件驱动型数字式技术，实现迅捷的重新编程。作战人员可根据目标特点，在数小时内设定关键的参数，对预定目标实施电子攻击。与前几代系统相比，其作战能力不再被硬件性能固化，而更多地取决于软件的水平。NGJ 将成为一系列电子战和电子攻击系统的基础，基于开放式结构的系统架构，在软件驱动下，可实现更加灵活的远距离电子攻击。

五是高可靠灵敏波束射频系统。它是一种软件可编程的无线电模拟装置，通过软件控制能把网络战功能、自我保护功能、雷达的电子攻击功能和其他功能灵活地结合在一起。因此，当威胁变化时，NGJ 的系统也可以随之发生变化，但射频系统依然可以提供可控的功率输出，完成相应的系统功能。

未来美军将建立一支分布式空中电子攻击队伍，其电磁频谱作战能力将远远超越现有的任何系统。当给 EA-18G 和其他飞机配备新一代电子干扰机时，美军将会拥有一件具备更多功能的、不只是发射导弹和炸弹的武器，现阶段在电磁频谱范围内工作的任何设备几乎都是 NGJ 可以干扰和攻击的目标。

三、防御系统与装备

（一）美国海军水面舰艇电子战改进项目

水面舰艇电子战改进项目（SEWIP）是一项为美国海军作战舰艇上的舰

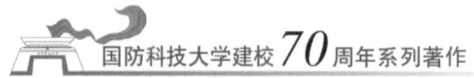

载 AN/SLQ-32（V）电子战系统进行升级和替代的项目。此系统的主要功能是防御反舰导弹的攻击，在舰艇上担负点防御任务。SEWIP 采用"螺旋改进"方式对已经停产的 AN/SLQ-32（V）电子战套件进行升级，旨在缓解系统的能力退化，提升可维护性，逐步引入先进的电子防护和电子攻击能力。图 6-6 为美军"迪凯特"号驱逐舰 DDG73 上安装的 SEWIP 系统。

图 6-6　美军"迪凯特"号驱逐舰 DDG73 上安装的 SEWIP 系统

1. SEWIP 增量

美军海上系统司令部下属的综合作战系统项目执行办公室负责对 SEWIP 项目进行管理，项目通过公开竞标的方式按增量分阶段实施。水面舰艇电子战系统改进项目共分四轮进行，即第一轮（Block 1）、第二轮（Block 2）、第三轮（Block 3）以及第四轮（Block 4）。

（1）Block 1

在 SEWIP 的 Block 1 中，海军对该系统的处理能力和显示器进行升级，从而从根本上加强电子战能力。Block 1 又分成 Block 1A、Block 1B 和 Block 1C 三个阶段进行。

● Block 1A

Block 1A 利用商用现货技术，在洛克希德·马丁公司为海军开发使用的标准 UYQ-70 显控台上的"宙斯盾"显示系统的基础上，引入了改进的控制

第六章
美军联合电磁频谱作战典型系统与装备

和显示（ICDC）技术，以及一个被称作"电子监视增强系统"的信号处理计算机。Block 1A 的改进使 SLQ-32（V）系统能够更快地识别威胁，并将截取的信号更准确地关联显示给操作者。

- Block 1B

升级的 SLQ-32（V）系统将把由通用动力公司信息技术部生产的 AN/SSX-1 小型舰艇电子战支援系统与 SLQ-32（V）系统集成为一个整体，并增加一种特殊的辐射源识别能力。Block 1B 系统研发的另一特殊装置是一个兼具高增益（天线）和高灵敏度（接收器）的装置，将作为 SLQ-32（V）的辅助传感器。此外，在 Block 1B 系统中，还将进一步加强综合 ICDC 能力，以减少操作人员工作量。升级后的系统将使 SLQ-32（V）系统具有同时区分多个来袭反舰巡航导弹的能力。美国海军 2007 年的计划指南称，Block 1B 研发的高灵敏度装置"通过对超越雷达水平和垂直无源监察可视范围的空中平台进行非合作性探测与识别，提高了系统的环境观察能力，从而扩大了 Nulka（一种反制诱饵弹）的标记射程"。

- Block 1C

Block 1C 系统的任务是将 ICDC/ESE 系统集成在已装有各种 SLQ-32（V）有源电子干扰系统的航空母舰和其他舰艇上。2016 年 1 月 11 日，通用动力公司获得 Block 1C 阶段的全速生产合同，在 5 年的合同期限内共计交付 67 套系统。

（2）Block 2

Block 2 型水面电子战改进系统，是传统 AN/SLQ-32 电子战系统的升级系统，由洛克希德·马丁公司在一项价值 1.47 亿美元的合同下研发。该升级系统旨在针对反舰导弹及其他威胁，提供早期探测、信号分析和威胁预警等。与传统系统相比，该升级系统能够探测到更广泛的威胁信号。Block 2 型电子战系统对天线和数字接收机进行改进升级，并增加新型软件，确保系统可识别新兴的威胁信号；另外，系统采用数字化体系结构，可根据舰艇结构改变配置，并可提供额外能力以快速应对威胁的升级。SEWIP Block 2 服役后的装备代号为 AN/SLQ-32（V）6，其性能提升主要体现在作用距离和分辨率方面，并且具有很高的灵敏度。

2014年7月，美国海军为"班布里奇"号驱逐舰（DDG 96）装备了Block 2系统，该舰成为首艘配备AN/SLQ-32（V）6的舰船。2015年12月，作战实验与评估处处长办公室向国会提交了一份秘密的前期部署报告，对有效的初步运行试验与鉴定数据进行分析，分析结果显示，SEWIP Block 2在对威胁辐射源的探测和分类上比传统AN/SLQ-32具备更强的能力。美国海军计划为多达140艘水面舰艇配备Block 2型水面电子战改进系统，其中包括航空母舰、巡洋舰、驱逐舰、两栖舰等。

（3）Block 3

SEWIP Block 3作为Block 2的下一个阶段，将为Block 2阶段开发的AN/SLQ-32（V）6系统增加先进的电子攻击功能。除了进行侦听或无源电磁探测，SEWIP Block 3旨在为新建平台以及所有装备了AN/SLQ-32（V）3和AN/SLQ-32（V）4的巡洋舰、驱逐舰、航空母舰和两栖攻击船提供通用的电子攻击能力。Block 3将引入综合电子攻击能力（包括新的发射机、天线阵列以及相关的干扰技术），从而使舰船免受射频制导导弹的威胁。

Block 3还包含对"软杀伤协同装置"进行软件开发，从而为舰上和舷外软杀伤行动提供指导和规划。约翰斯·霍普金斯大学应用物理实验室主导软杀伤协同装置的工程设计、算法开发和原型样机制造。

诺·格公司的SEWIP Block 3技术方案采用基于氮化镓发射/接收模块的有源电扫阵列，并结合了之前为美国海军研究办公室"集成桅杆"（InTop）项目开发的成熟技术。InTop项目对综合化的EW/IO/通信样机进行了验证，解决了SEWIP Block 3阶段的关键技术。

（4）Block 4

按照规划，后续的SEWIP Block 4项目将为AN/SLQ-32（V）系统引入先进的光电/红外对抗能力。海军研究办公室的"复合式红外/光电监视和相应系统"项目将牵引Block 4的需求并降低技术风险。其主要包括舰载全景光电/红外指示与监视系统和多谱光电/红外先进威胁对抗措施。舰载全景光电/红外指示与监视系统用来实现宽视场的目标探测和跟踪，并能为多谱光电/红

第六章 美军联合电磁频谱作战典型系统与装备

外先进威胁对抗措施系统的高分辨率传感器提供指示,从而实现目标的再捕获、跟踪、分类/识别、3D 测距、威胁评估、对抗措施的实施以及效能监测。多谱光电/红外先进威胁对抗措施需要具备多频带能力,能够同时对抗多个目标。

2. SEWIP 的能力

改进后的美国海军水面舰艇电子战系统具有四个方面的新能力:一是对高密度复杂信号的分选识别能力以及更高的信号处理速度;二是精确的测向、测频能力以及对干扰的精确引导跟踪能力,可用于引导防空武器;三是对有源雷达信号的精确干扰能力以及红外和光电信号的侦察干扰能力;四是对威胁的快速反应能力。

(二)小型空射诱饵弹

小型空射诱饵弹(MALD)作为一种重要的电子自卫武器,能够有效地针对各类雷达武器进行针对性干扰和欺骗,成为保障机载平台战场生存能力的有效手段。以防空压制作战为例,诱饵弹通常携带有信号增强作用的有效载荷,如箔条或射频回波增强器,通过模仿战术飞机的雷达特征和飞行特征,提供假目标以欺骗、迷惑、致盲对手防空系统,提升对敌防空压制任务的成功率,为攻击机群提供保护,提高相关平台的战场生存能力。因此,小型空射诱饵弹也可以用来作为美军联合电磁频谱作战防御的主要装备之一。

1. MALD 发展概况

MALD 项目可以追溯到 20 世纪 90 年代,其核心是基于佯攻这种古老的战术。最初的设想是利用导弹模拟美国战斗机的雷达特征和飞行轨迹,形成对敌方空域的佯攻。但 MALD 的不同之处在于,它是一种现代化的专用投掷式武器,可以装备在 F-16 战斗机或运输机上。此外,MALD 还包含特征增强系统,能模拟从大型运输机到隐身飞机,以及其他各种作战飞机的特征,从而欺骗敌方雷达。

2008 年,美军启动了 ADM-160B 的改进计划,增加了干扰机和数据链的型号并命名为"小型空射诱饵弹-干扰机(MALD-J)",编号 ADM-

160C，该弹的研制合同也授予了雷神公司。2011 年，MALD-J 进入低速生产阶段，第一批于 2012 年交付美国空军并顺利完成作战测试。2015 年 4 月，雷神公司宣布美国空军已成功对 MALD-J 进行了作战测试，MALD-J 满足所有性能需求，获得了初始作战能力，在两年多时间内，MALD-J 成功地进行了 42 次飞行测试。改进的 MALD-J 作为飞机诱饵弹，不仅能干扰敌方雷达，而且具有摧毁雷达的能力，可以深入敌防空网并在敌地空导弹的跟踪范围内对其雷达设备实施干扰。MALD-J 采取模块式，这样它的干扰器就能很容易改换成其他各种能在舱内挂载的有效载荷，包括用于情报、侦察和监视的武器或传感器。美国空军能挂载该诱饵弹的作战飞机型号包括 A-10、B-1B、B-2、B-52H、F-15、F-16、F-22 和 F-35。

2. MALD 作战应用

MALD 按作战任务特点可分为诱骗型 MALD 和干扰型 MALD-J。MALD 通过逼真模拟作战飞机在敌方地空防御系统雷达屏幕上显示"真实"飞机信号，制造虚假空情。MALD-J 通过实施逼近式压制干扰，对敌方地空防御系统进行压制。随着 MALD 不断更新换代，其作战功能已经由传统的电子战防护发展为兼具电磁频谱作战防护、干扰和攻击于一体的能力。其具体作战应用如下：

一是单机挂载、自卫使用。作战飞机在突入敌方防空范围内时，会面临防空武器拦截，在雷达告警设备发出安全警告后，作战飞机在威胁来临前发射空射诱饵，对防空武器制导雷达和机载火控雷达实施诱骗式干扰或压制式干扰，诱骗来袭武器攻击空射诱饵，保护作战飞机安全。

二是编队飞行，开辟飞行走廊。作战飞机到预定区域执行对敌攻击任务时，可先发射空射诱饵到预定区域，并模拟作战飞机编队飞行，在信息层面欺骗、扰乱敌方的防空武器系统，诱骗敌方防空武器系统攻击，消耗敌方防空武器，或对敌方地空防御武器系统进行压制干扰，使敌方防空系统雷达饱和，建立安全空中走廊，掩护有人作战飞机执行作战任务。

三是电子情报侦察。在战争开始之前，发射空射诱饵弹到危险地区上空巡航，模拟"真实"空情，刺激和诱骗敌方防空雷达系统开机，空射诱饵弹

第六章 美军联合电磁频谱作战典型系统与装备

将获取的雷达信号和通信情报转发至接收设备,或由电子战飞机配合截获相关信号,为电子情报侦察或反辐射攻击任务的完成创造有利条件。

四是与反辐射武器配合,兼具反辐射攻击能力。发射空射诱饵弹,迫使敌方地面雷达在己方作战飞机到达之前提前开机,或通过逼近敏感目标诱使敌方后备或隐蔽雷达开机,暴露敌方防空资源位置、特征信号等重要信息,配合作战飞机和反辐射武器完成目标确认、锁定、攻击任务。在海湾战争期间,美海军曾用引进以色列技术的战术空中发射诱饵弹定位了伊拉克地空导弹阵地,由多国部队实施了防空压制作战。

五是巡逻待机、区域干扰。通过设定空射诱饵预先飞行航线,发射多个装有电子干扰机的空射诱饵到战区上空,使其在预定区域巡逻待机,发现敌方雷达信号后,对威胁雷达实施逼近式干扰压制。然后通过高强度的灵巧式压制干扰技术,使雷达的信号处理和数据处理系统饱和,暂时致盲敌方雷达、中断通信,压制敌方防空系统。

3. MALD 最新进展

2018 年 8 月 23 日,美国国防部战略能力办公室透露,空军在加利福尼亚州穆古角海军航空兵中心成功完成了一系列微型空射诱饵弹(MALD-X)的自由飞行演示。MALD-X 在老式系统的基础上,加装了干扰机、新的传感器、通信系统、自主作战软件,具有协同的蜂群能力,可飞抵威胁附近实施空中电子战。该系统非常高效,既能快速飞行到敌方防空雷达监视站和通信节点附近搜集情报,又能通过预编程在特定区域上空盘旋,对目标实施电子攻击。

MALD-X 是一个过渡性系统,美国海军据此开发可与 EA-18G "咆哮者"协同作战的高端智能型 MALD-N 系统,美国空军也将其用于提高现有 MALD-J 的能力。MALD-X 提高了小型巡航导弹的模块化特性,能够插入比 MALD-J 更先进的电子战载荷。MALD-X 可以联网工作,一组 MALD-X/MALD-N 利用蜂群和协同战术能够实现分类、优先级排序、授权实施干扰和诱骗任务等。通过自主协同,这些诱饵可以迅速中断敌方决策环并严重削弱敌方在战场上的快速响应能力。利用其自适应电子战有效载荷,MALD-X 能够以半自主方式自动地或在远程操作员的操控下对敌方防空节点实施电子攻击。

由于 MALD-X 能够欺骗、迷惑、致盲各种雷达和防空节点，甚至还可以对通信节点实施精确攻击，因此 B-2 等隐身作战飞机对 MALD 和电子战的依赖性也越来越强，MALD 已成为美军总体空战计划的关键组成部分。未来，体积更大、射程更远、可重复使用的巡航导弹/无人机都会配备类似 MALD-X 的系统。此外，模块化程度更高、自适应能力更强的 MALD 还将增加动能打击弹头。爆炸型 MALD 与先进电子战型 MALD 相互配合，可以在实施干扰的同时摧毁敌方的防空系统。理想情况下，将小型弹头装载到电子战 MALD-X/N 系统中，就能在需要时或在飞行末段打击目标并且自毁。

(三) 机载电磁频谱防护装备

随着防空武器的发展与完善，现代化战机机载无线电电子设备综合系统功能不断提高，为适应电磁频谱这一全新的作战域要求，美军也在陆续改装升级其单机电子防护系统，以增强电磁频谱作战的防御能力。美军第四代和第五代战机上可用于电磁频谱作战防御的装备系统主要有相控阵雷达和红外导弹照射、发射告警系统等。

1. F-15 电磁频谱防护系统

美军 F-15 战斗机上安装的是电子战支援单机防护系统，包括 AN/ALR-56C 和 AN/ALQ-128 照射告警系统、AN/ALQ-135（V）无线电电子压制站、AN/ALE-45 偶极子反射体和假红外目标自动抛投系统。AN/ALQ-135（V）无线电电子压制站可根据优先度用连续波、脉冲和脉冲多普勒雷达同时施放有源干扰，能够产生 2~20 GHz 的噪声和模拟干扰。压制站不包括自己的接收装备，信号从 AN/ALR-56C 照射告警接收机进入压制站，而在 F-15E 飞机上是从 AN/APG-82（V）1 机载相控阵雷达进入。压制站的终端辐射装置是喇叭形天线。

美军计划在 2030 年前，用鹰式被动/主动预警生存系统取代电子战支援系统。美军已在为选择鹰式被动/主动预警生存系统的概念面貌而进行招标。鹰式被动/主动预警生存系统将包括雷达照射和导弹攻击告警设备、无线电和光学波段的有源对抗及消耗性对抗器材,还包括机载相控阵雷达。鹰式被动/主动预警生存系统的补充能力之一是定位无线电辐射源并施放毫米波干扰。该系统的一个特点是采用信号存储和复制装置,从而能用复杂信号对各种相干雷达、脉冲多普勒雷达进行无线电电子压制,同时向其中输入关于运动距离和速度的假信息信号,以及施放逼真的模拟干扰。

2. F-16 电磁频谱防护系统

美军大部分 F-16 战斗机装备的电磁频谱防护系统是 AN/ALQ-131 无线电电子压制吊舱、AN/ALE-47 偶极子反射体和假红外目标自动抛投装置以及 AN/ALR-56M 照射告警站。但是,美军从 2013 年起中止了对 AN/ALQ-131 无线电电子压制系统改进计划的拨款,这意味着可能为飞机安装其他系统。美军正在研究单机防护用的 AN/ALQ-214 干扰施放系统、AN/ALE-50(55)拖曳式假目标和机载相控阵雷达资源,作为 F-16 飞机无线电电子压制装置的备选方案。

AN/ALE-47 自动抛投装置能够抛投 30 个装有 MJU-7 或 MJU-10 型假红外目标和 RR-170 或 RR-180 偶极子反射体的弹射弹。在配置 4 个消耗性无线电电子战器材组件的情况下,该装置的质量约为 30 kg。

AN/ALR-56M 照射告警接收机能够发现 0.3~20 GHz 的连续和脉冲信号。其组成包括 4 副螺旋天线和 1 副杆形天线。在发现飞机被雷达跟踪时,能自动发出抛投假目标的指令。

3. F/A-18E/F 电磁频谱防护系统

F/A-18E/F 战机装备的电磁频谱防护系统是综合防御电子对抗系统。该系统包括 AN/ALR-67(V)3 照射告警站、AN/ALQ-165 无线电电子压制系统或 AN/ALQ-214 有源干扰站、AN/ALE-50 或 AN/ALE-55 拖曳式假目标(取决于机载自卫系统型别),以及 AN/ALE-47 消耗性无线电电子压制器材自动抛投装置。据悉,该系统有 4 种型号,其主要区别是无线电电子压制系统和拖曳式假目标的不同。美军还计划将该系统升级至 Block 5,以统一 F/A-18E/F 和 F/A-18C/D 飞机上的无线电压制装备。

4. F-22 电磁频谱防护系统

F-22"猛禽"战斗机的全套电磁频谱防护系统包括 AN/ALR-94 照射告警站、AN/AAR-56 导弹攻击告警系统和 AN/ALE-52 无线电电子战消耗性器材自动抛投装置。AN/ALR-94 照射告警站能保证发现、识别有潜在危险的无线电电子设备并对其定位。AN/AAR-56 导弹攻击告警系统能够在360°范围内发现导弹发射,它包括 6 个传感器,分布在飞机两侧,每个传感器覆盖区域是 60°扇形。在发现导弹发射后,AN/ALE-52 自动抛投装置能自动运行或指引运行,利用机载相控阵雷达的资源来执行对敌人无线电电子设备的压制任务。

5. 其他机载电磁频谱防护系统

F-35 战斗机的机载电磁频谱防护系统主要包括 AN/ASQ-239"梭鱼"无线电电子压制系统,它是 F-22A 所用的无线电电子战系统的改进型。

B-52 战略轰炸机的单机电磁频谱防护系统包括 AN/ALR-20 和 AN/ALQ-153 照射告警站,AN/ALQ-155、AN/ALQ-172、AN/ALQ-122 和 AN/ALT-32 有源干扰站,AN/ALE-20 和 AN/ALE-24 自动抛投装置。AN/ALR-20 照射告警站是全景接收机,用于探测有潜在危险的无线电电子设备的辐射,并对其进行识别,选择需要优先对抗的目标,并将威胁显示在无线电电子战操作员的座舱中。AN/ALQ-155 有源干扰站用于按空对面雷达干扰频率制造有源伪装噪声阻塞干扰和控制火力。它能确保 360°施放 1~10 GHz 的干扰。AN/ALQ-155(V)改进型有源干扰站包括软件和能对抗现代化射频威胁的技术方案。AN/ALQ-172(V)2 能发现有潜在危险的无线电电子设备的辐射,并对其进行识别,按优先度选择目标并对其进行无线电电子压制。AN/ALQ-122 有源干扰站能发现有潜在危险的无线电电子设备的辐射,并对其进行识别,选择优先压制目标,施放有源模拟干扰。B-52 飞机上所有的防护系统和装备都独立运行,部分执行相同的任务。例如 AN/ALQ-155 和 ALQ-172 有源干扰站工作波段不同,对付潜在威胁的清单不同,但都执行对空对面雷达、防空武器指挥雷达和战斗机机载雷达进行无线电电子压制的任务。

第六章
美军联合电磁频谱作战典型系统与装备

B-1B 战略轰炸机单机防护用的无线电电子战系统和装备包括 AN/ALQ-161 一体化无线电电子压制系统、AN/ALE-49 偶极子反射体和红外目标自动抛投装置、AN/ALE-50 拖曳式假目标。专门为 B-1B 研制的 AN/ALQ-161 无线电电子压制系统由 108 个可拆卸模块组成,能自动(操作员可以干预)发现有潜在危险的无线电电子设备的辐射,对其进行识别,选择优先目标,并采取最有效的对抗措施,360°进行无线电电子压制。目前,B-1B 飞机上使用了 AN/ALQ-161A 改进型系统。该系统采用信号存储和复制装置,能制造信号模拟干扰,而系统本身波段更宽。为了改进 B-1B 飞机的无线电电子战装备系统,美军已在研究 AN/ALQ-211 和 AN/ALQ-214 无线电电子压制系统。

四、频管系统与装备

在联合电磁频谱管控系统方面,美军目前在用的频谱管理系统和工具主要有盟军联合频谱管理规划工具(CJSMPT)、东道国频谱全球在线数据库(HNSWDO)、21 世纪频谱系统、联合频谱数据仓库(JSDR)、基石(Stepstone)系统、全球电磁频谱信息系统(GEMSIS)、频谱态势感知系统(S2AS)以及电子战规划与管理工具(EWPMT)等。依托这些系统,美军可实现实时频谱测量与在线分析、频谱筹划推演与频率分配、电磁干扰分析与冲突消除、电磁作战环境建模仿真、电磁态势共享与用频效能评估、频谱资源接入与数据库等功能。

(一)全球电磁频谱信息系统

美军未来频谱管理的理念是为所有频谱管理和工程开发一个专用体系结构,这便是全球电磁频谱信息系统(GEMSIS)的基础。全球电磁频谱信息系统是美军为实现以网络为中心的频谱管理战略而打造的联合频谱管理系统,旨在使美军的频谱行动从过去预先规划且静态的频率分配向动态、迅速反应和敏捷转变。该系统将集美军目前使用的所有系统和工具的全部功能于一身,从联合作战的角度，分析所需频谱的数量与类型，确定不同的工作模式，从而协同部队的频谱使用，并为规范频谱管理程序运行及用频装备采办提供支持。

1. GEMSIS 总体框架

如图6-7所示，GEMSIS 的顶层规划架构形象地勾勒了 GEMSIS 各类服务与其服务对象、现有频管服务和能力、各种数据支撑服务及数据源之间的交互关系，并反映了 GEMSIS 服务类别与现有频管服务和能力间的信息交换途径。

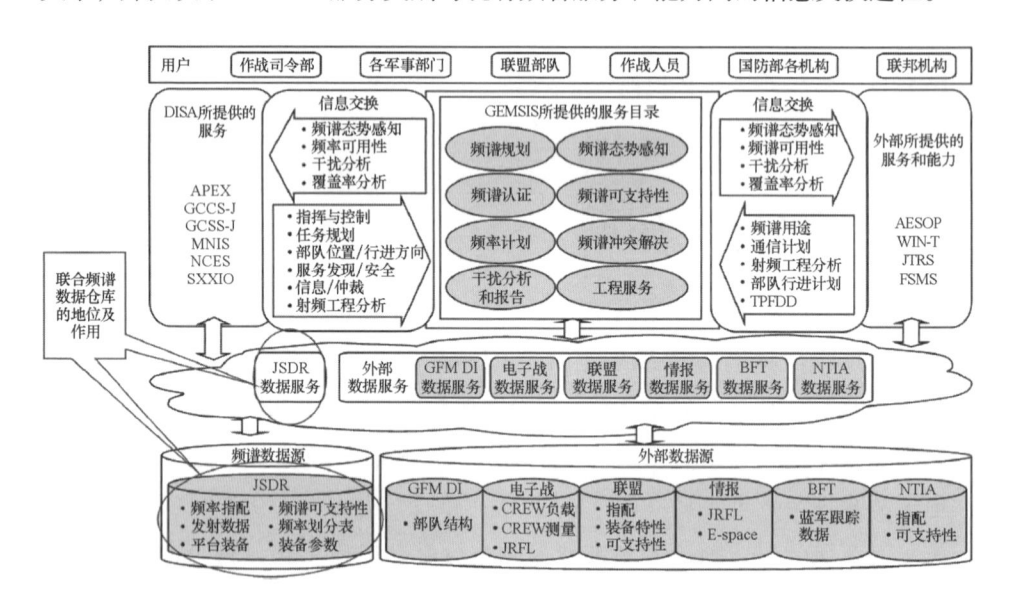

图6-7　GEMSIS 顶层规划架构

2. GEMSIS 能力

GEMSIS 的概念于2003年提出，2008年开始初步装备部队，到2020年后陆续实现全部能力，其最终目标是实现按需随时随地的全球频谱接入，其开发进展与美军频谱管理转型保持同步。GEMSIS 采用分阶段实施的方法，以配合频谱管理转型。因此，GEMSIS 的能力分为近期能力和远期能力。

（1）近期能力

GEMSIS 的近期能力包括：一是一体化端到端的频谱可支持能力。随着美军频谱管理能力转型的不断深入，GEMSIS将成为支撑一体化端到端频谱管理能力的首要系统，以支持国防部和作战人员的频谱需求。二是软件定义无线电波形管理能力。三是端到端的频率指配能力。能够实现灵活的频率申请、指配甚至频谱划分，能够灵活解决频谱冲突问题，实现端到端的频谱可支持性和频率指配，实现与美国国家电信与信息管理局及北约的互操作能力，以及与软件定义无线电波形的互操作能力。四是战略频谱管理规划能力。五是任务规划和预演的建模与仿真能力。可支持任务规划和训练的建模与仿真，在分配任务之前，对频谱的可用性和可支持性做出实际判决。六是采办程序的建模与仿真能力，在采办之前向开发者提供频谱指导。七是频谱管理向全球信息栅格和网络中心环境转型的能力。可为指挥员提供增强型的友军和敌军频谱态势感知画面，加快频谱接入速度，实现与联邦、州和地方政府频管机构以及联合部队的互操作性，并使之具备以网络为中心的互操作能力，整合全国防部的频谱使用。

（2）远期能力

GEMSIS远期能力包括：一是为未来所有用频装备提供标准、协议和效用；二是自动化频谱管理作业和冲突解决程序，将在移动ad-hoc网络中考虑频谱管理、带宽需求及信息优势的一体化；三是自适应阵列天线结合软件定义无线电的能力，以增加频率的重复利用性。

3. GEMSIS 增量

GEMSIS项目初始能力文件于2006年初由联合需求管理委员会正式核准，标志着项目正式启动。GEMSIS采用渐进式增量采购方式，分为3个增量。其中，增量1的能力从盟军联合频谱管理规划工具（CJSMPT）联合能力技术演示过渡而来。2011年，美国陆军先后发布了CJSMPT 2.1.1和东道国频谱全球在线数据库（HNSWDO 3.1.5）。CJSMPT 2.1.1为美国陆军联合能力技术演示而开发，支持中央司令部和欧洲司令部的频谱需求。该版本还增加了对作战司令部的额外频谱需求支持，创建了可独立支持频率指配和冲突消除的程序，开发了过渡版HNSWDO 3.1.2。增量2包括联合频谱数据仓库（JSDR）、基石（Stepstone）系统、21世纪频谱系统，以及网络中心基础设施的集成。增量3

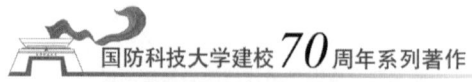

及后续升级包括提供全球互联的整套服务,创建企业信息环境,提供企业服务,改进当前频谱管理系统,与相关作战规划系统交换信息,提供综合性的频谱态势信息。

根据相关信息推测,美军已基本完成增量2的研制工作。GEMSIS增量2体系架构如图6-8所示。增量2的目标是:依托全球信息栅格,构建基于网络中心和Web环境的频谱管理服务,初步实现通过频谱桌面获取频谱管理能力,为用户提供精简、一体化和流程化自动处理,并且近实时地为用户更新用频装备状态和性能等信息。增量2阶段,JSDR、军兵种频谱管理服务,以及其他频谱管理能力将集成于GEMSIS,网络中心全局服务和情报链等提供基础支撑的企业能力也将成为GEMSIS的组成部分。

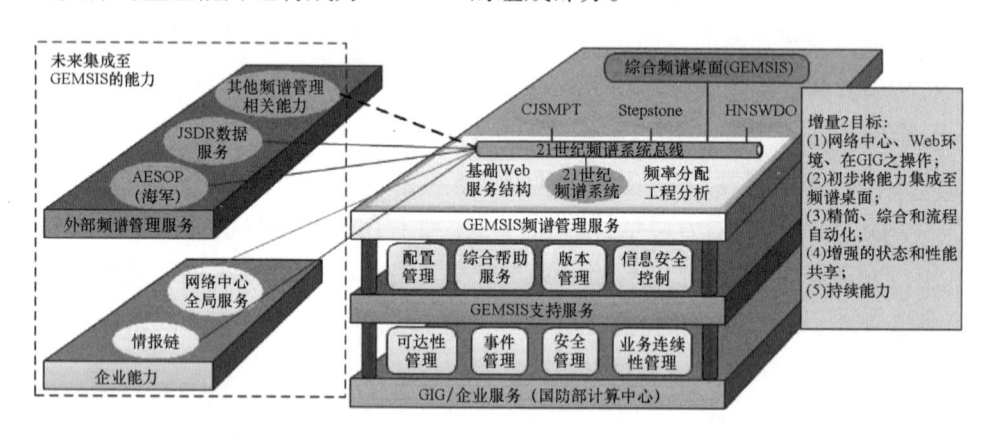

图6-8 GEMSIS增量2体系架构

以下重点介绍增量1和增量2中GEMSIS的主要组成及其功能。

(1)盟军联合频谱管理规划工具(CJSMPT)系统

CJSMPT系统是一套独立工具,能够为联合频谱行动的各阶段提供支撑。CJSMPT系统收集任务或演习的兵力部署信息、平台和装备特征数据,并通过分析和仿真对电磁环境进行有效管理。频谱管理人员利用CJSMPT系统在任务执行前预测潜在的干扰事件,识别潜在的用频冲突,并具有在一定区域内消除用频冲突的能力。CJSMPT系统还能通过任务回放,分析和评估任务的频谱规划及其执行情况。

第六章
美军联合电磁频谱作战典型系统与装备

CJSMPT 系统具体组成包括六个方面：

一是联合任务部队筹划工具。通过该工具，可以方便地提取现有部队力量结构、用频装备特性、已分配过的通信电子指令表等。这些信息可以是各军种部队频管员通过 KDR 数据交互得来，可以是通过既有通用部队模板获取，还可以直接从各军种的部队数据库系统中抽取。

二是通信效能仿真器（CES）。通过该工具，可以对作战任务进行仿真，预测可能存在的冲突。CES 模型的参数包括功率、波形、天线特征（即高度、极化方式、方向性、地形影响），并预测在特定作战想定下是否存在设备间的干扰。

三是频谱筹划建议工具（SPA）。针对 CES 预测的可能干扰，提出频率修改建议。如果拥有频谱资源集，SPA 还能生成初始的频率指配计划。在消除用频冲突时，用户可以根据任务的紧急程度来具体指定某些用频系统或网络的优先权，确保紧急任务用频不受影响。

四是频谱需求建议工具（SRA）。该工具在频率指配计划生成前使用。根据给定任务的部队编制、地点、行动路线、相关用频装备系统参数等信息，SRA 自动生成频谱复用计划，计算出在不产生干扰前提下所需的最小频率集。

五是观测器。通过 2D/3D 地图来显示部队位置和移动状况，以及频谱使用情况，包括电子战效果。

六是频谱知识库（SKR）。它包含任务仿真用的关键的场景数据，如部队结构、辐射特性、频谱使用等。该知识库的来源包括 21 世纪频谱系统、联合自动化通信工程系统等。在用户界面，频谱管理人员也可以直接以 XML 格式浏览知识库内容。

CJSMPT 系统主要功能包括：一是利用国家地理空间情报局（NGA）的数字地形高度数据，实现电磁战场空间共用作战态势的可视化呈现；二是对任务部队部署和相关无线电装备进行建模，对电磁频谱行动过程中无线电频谱使用情况进行仿真；三是在任务执行前，通过预测潜在战术用频冲突，分析电子对抗用频干扰，以及任务回放分析优化等方式，提供频谱规划优化的能力；四是能够以标准数据格式为 21 世纪频谱系统提供频率需求，接入并与

JSDR 交换频谱数据,从而实现频谱协作规划。

(2) 东道国频谱全球在线数据库(HNSWDO)系统

HNSWDO 系统是一款 Web 应用,可 7×24 h 为作战人员提供可视化东道国用频装备信息支持。具体功能包括:确保用频装备东道国频谱可支持性数据的全球可见性,便于作战人员的部署和通信;自动发布国防部的东道国协调申请以及东道国反馈给作战司令部的频谱可支持性意见,以减少管理程序所需时间;便于管理人员掌握同波段其他系统或类似系统的频谱可支持性历史数据;提供相关波段设计决策的历史数据,以降低采办不具频谱可支持性用频系统的潜在风险。

基本的使用流程是:美军频谱管理人员通过登录这个系统查阅所在作战区域内盟国对于频谱的划分,并据此推断哪些波段容易申请;这些申请直接通过 HNSWDO 系统推送到各个国家频谱管理协调人,由协调人对申请进行逐个审查;最后将审查结果通过该系统反馈至申请人。由于该系统能够自动分发东道国(频谱)协调请求和作战司令部提交的东道国(频谱资源)可支持性说明,减少了管理时间,因此,HNSWDO 能够有效降低用频装备与东道国发生冲突的风险。

(3) 21 世纪频谱系统

美军 21 世纪频谱系统,由军用通信电子委员会设计,是美国国防部标准化联合频谱管理自动化系统。该系统基于 Windows 平台,是采用客户端/服务器模式的软件系统。该系统运用最新的理论技术,解决了长期以来影响频谱规划与管理的问题,使频谱管理人员对频谱能够近实时地进行自动化管理,确保分配的频点相互兼容。该系统可以与美国现有的军、民频谱管理软件系统实现互联互通。

如图 6-9 所示,该系统由 13 个模块组成,具有频率资源记录系统等强大的数据库支持功能,在美军频谱管理周期 13 个环节中发挥着重要作用。

21 世纪频谱系统能够满足战术层面自动化频谱管理需求,完成日常频谱管理工作,还能为战术级联合作战和演习训练提供支撑。21 世纪频谱系统的信息处理周期覆盖了美军战场频谱规划整个过程,是 GEMSIS 的核心,也是美

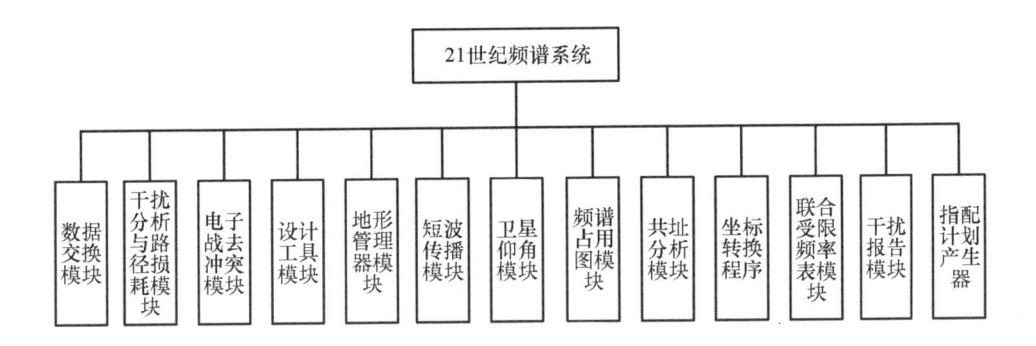

第六章 美军联合电磁频谱作战典型系统与装备

图 6-9 21世纪频谱系统组成

21世纪频谱系统下设：数据交换模块、干扰分析与路径损耗模块、电子战冲突去模块、设计工具模块、地形管理器模块、短波传播模块、卫星仰角模块、频谱占用图模块、共址分析模块、坐标转换程序、联合受限频率表模块、干扰报告模块、配计划产生器。

军战场频谱管理不可或缺的工具。

其具体功能包括：一是频率分配，可自动处理来自频谱管理人员的频率资源使用请求，生成频率分配方案，对频率分配方案进行校验，发现用频冲突，分发并跟踪频率分配方案执行情况；二是频率指派，在频率分配基础上，以列表形式生成频率指派计划；三是干扰分析，分析用频方案的潜在干扰情况；四是干扰报告，生成干扰问题描述报告，可为消除干扰提供信息；五是地形数据管理，使用工程算法，自动对 NGA 提供的数字地形高度数据重新编排格式；六是一致性检查，检查频率记录与频率划分表、说明书，以及与加拿大和墨西哥频率协调的一致性；七是频谱工程工具，可提供覆盖分析和共站分析等系列分析工具包；八是电子对抗冲突消解，在行动和演习中，分析电子对抗攻击手段对己方用频接收机的影响，发现电子对抗冲突；九是联合限制频率表，提供管理工具，用于识别并标记特定频谱资源的受保护程度，防止重要频率被己方或友方电子攻击手段干扰。

（4）联合频谱数据仓库（JSDR）

为落实国防部网络中心数据战略，美军在国防部指令 DODI 8320.05《电磁频谱共享》中规定：应建立和维护一个联合权威数据源，并确保国防部所有与频谱相关的数据对国防部各部门都是可见、可接入、可理解、可用和可信的。目前，美国国防信息系统局（DISA）正利用云计算、大数据和人工智能技术，构建大型电磁数据库，致力于将四个军种的数据汇集在一起，以创建一个庞大的电磁数据库，即联合频谱数据仓库。

根据相关授权要求，国防频谱组织负责采集、规范和发布与频谱有关的数据，提供 JSDR 直接在线数据接入服务，或根据用户要求提供定制报告。JSDR 涵盖了国际、国家和国防部的频谱相关信息（包括带密级的信息），其具体构成包括：

一是联合频谱中心装备、战术和空间数据库。具体包括国防部的参数数据、民用和联合装备数据、平台数据、美军的部队名称和位置及体系结构数据、空间卫星参数和轨道数据等。

二是东道国频谱全球在线数据库（HNSWDO）。HNSWDO 是一个基于网络的数据库，可用于处理国防部的东道国协调申请和反馈意见。

三是频谱认证系统数据库。该数据库是一个有关国防部频谱认证系统所有数据的集中式档案仓库，其中包括 J/F-12 装备频率划分申请数据。

四是背景环境信息数据库（BEI）。为准确表征电磁环境，国防频谱组织还另外采集了一些非美国的频率指配和国际频率指配数据，这些信息将存储在背景环境信息数据库中。目前，BEI 涵盖的信息包括国际电联的指配数据、联邦通信委员会的指配数据、加拿大的指配数据和射电天文指配数据。

五是政府主文件数据库。政府主文件包括美国及其属地内所有美国联邦政府机构的频率指配记录，其数据来源于国家电信与信息管理局。

六是频率资源记录系统数据库。该系统包含了由联合司令部和军事部门指挥官所控制的国防部全球频率指配信息。

七是战场电磁战斗序列（EOB）数据库。联合频谱数据仓库包含了国防情报局掌握的近 25 000 个战场电磁战斗序列国外装备位置信息。

八是区域研究数据库。Intelink 收集了超过 100 条的特定国家电信剖面信息，这些信息由国防系统组织提供。通过 Intelink 网址的超链接，联合频谱中心数据接入网络服务器可提供所有区域研究的列表。

JSDR 对全球电磁频谱信息系统具有强大的支撑作用，可为美国国防部及其任务伙伴提供频谱数据的直接在线接入，便于其全面、准确、可信地描述用频系统的特征和电磁环境的特性。JSDR 不仅可以避免美军内部的信号互扰，而且可以帮助美军的信号情报（SIGINT）和电子战（EW）部队更好地识别和对抗敌方的信号。JSDR 存储了美国国防部、政府和国际频谱数据，并收录了有关频率数据和电磁环境背景信息。JSDR 采用分布式接入方式，用户通过接入 Web 服务工具连接 JSDR，在线接入详尽、准确且可信的频谱数据，为用户在频谱管理过程中准确描述用频系统特征和定义电磁环境提供支持。

（5）基石（Stepstone）系统

美国国防部要求所有用频系统在进行试验测试、开发测试以及使用前须获得用频许可。Stepstone 系统主要用于支持国防部用频装备许可处理。各军兵种、各战区和工业部门通过 Stepstone 系统提供的工具处理装备用频许可申请，包括创建、审核、处理和认证等流程。Stepstone 系统缩短了用频许可过程需要的时间，从而加快了用频装备投入战场的进程。同时，Stepstone 系统使用标准数据格式，使得产生的数据资源能够共享给 GEMSIS 中的其他系统。

（二）电磁频谱态势感知系统

1. 系统概况

为提升电磁频谱态势感知能力，美军于 2007 年着手开发频谱态势感知系统（S2AS）。其主要功能包括感知作战地域内的电磁频谱使用情况、对感知到的数据进行分析、与其他频谱管理系统和相关单位共享感知数据、消除用频冲突等。目前，S2AS 已经在第 1 骑兵师、第 1 装甲师、第 82 空降师、第 1 军、联合频谱中心和陆战队第 1 远征军等多支部队完成部署，为指挥所或营区驻地周边提供电磁监测服务。

2. 系统组成

S2AS 主要由软件和硬件两部分组成。硬件部分由便携式计算机、GPS 定位仪、罗德·施瓦茨公司的 PR 100 监测接收仪以及 HE – 300 系列天线组成。软件部分主要是多波段环境噪声收集与分析工具（声呐）。整个系统还配备加固运输箱，用以在野战条件下保护 PR 100 监测接收仪和 HE – 300 系列天线。PR 100 监测接收仪实际上是个二合一设备，融合了接收机和监测分析仪。PR 100 监测接收仪能够在很宽的波段上对信号进行精准、快速的测量，获取到信号以后，传送至声呐进行自动化分析。

3. 系统功能和性能

S2AS 的天线包含一个车载或固定在三脚架上的连续波段测量天线,工作波段在 30 kHz~6 GHz。一个 HE-300 系列手持天线,包含三个可更换的模块,工作波段在 20 MHz~7.5 GHz。如果需要对短波进行测向,还可以使用 HE-300 HF 系列天线,工作波段在 9 kHz~20 MHz,能够在特定波段对干扰信号进行测向。S2AS 采用的天线与部队已配属的天线相同,包括单信道地面与机载无线电台的鞭状天线和 OE-254 型宽带全向天线等。

S2AS 能够在 9 kHz~7.5 GHz 进行快速的全面扫描。扫描到的信号在监测接收仪的显示器上以瀑布图的形式呈现。接收仪内置一张储存卡,用以储存测量到的数据。PR 100 的设计轻便,符合人体工程学原理。PR 100 能够以 CSV 或频谱态势截图的格式保存测量数据,MANCAT 软件则以 PDF、HTML、JPEG 或 TIFF 等格式生成报告。

值得一提的是,S2AS 还具有很强的兼容性,可使用与全球电磁频谱信息系统(GEMSIS)、盟军联合频谱管理规划工具(CJSMPT)系统以及 21 世纪频谱系统都兼容的数据格式。测量到的信号可以及时输入 CJSMPT 系统和 21 世纪频谱系统之中,及时更新已知数据库。S2AS 的声呐软件可以直接从 21 世纪频谱系统数据库中抽取已知信号数据,以可视化的形式呈现,方便频谱管理员在声呐软件上查看已知信号。同时,S2AS 以可视化的形式区分和标明未被数据库收录的信号,这样频管员就会进一步调查其来源,通过感知、分析和共享电磁频谱态势信息,有效保障用频安全,支撑指挥决策。

(三)电子战规划与管理工具系统

1. 系统概况

电子战规划与管理工具(EWPMT)系统是一个战场规划和战斗管理系统,有助于完成对敌人通信、遥控炸弹、雷达系统和其他射频资产干扰的管理,同时保护美国及其盟国的射频系统。作为美国陆军综合电子战系统(IEWS)的一部分,EWPMT 系统旨在帮助陆军军官协调通过战术网连接在一起的分布式电子战系统,有助于将电子战系统与火炮装置连接起来,并有助

第六章
美军联合电磁频谱作战典型系统与装备

于地空电磁频谱作战的同步。

EWPMT系统提供了电磁频谱的全面视图，使得电子战军官可以更好地了解态势，从而更有效地与敌人作战。作为2014年以来美国陆军创纪录的项目，EWPMT系统可以针对不同的军种进行定制，并且几乎可以部署在任何作战环境中。EWPMT系统采用开放式体系结构，还可以针对不同服务和操作环境进行定制。该系统能力包括生成电子战命令，评估、规划和使用电子战资产，对武器和干扰机进行电子战目标瞄准，以及进行电子战毁伤评估。EWPMT系统通过在指挥所计算机和计算机网络上运行的软件应用和工具为电子战任务提供风险评估和行动建议。

2. 系统增量

EWPMT系统关注对电磁事件的观察和理解能力，由4个增量（或能力组）组成。第一个增量涉及协调并可视化电子战效应，已在2016年部署。通过增量1，美军从营到师的各级部队就能够看到同一幅图。当把这些工具交付给从营到师的各级部队后，各级部队都可以利用它们以可视方式显示作战人员可干扰的敌方射频资源、对象、辐射源、敌方发射源，围绕敌方发射能力制订相应的计划，以及一种以物理机动干扰敌人的策略。增量2的重点为频谱管理，它不仅要实现地理机动，还要实现频谱空间机动。它类似于帮助飞机避免碰撞的空中交通控制系统，使指挥官能够探测、识别和管理拥挤电磁频谱中的信号，还提供独立嵌入式培训，能够模拟真实部署环境进行培训。增量3和4与频谱管理和网络态势感知有关，通过一种称为"网络空间与电磁战斗管理"的后续能力，将网络和电磁频谱感知能力集成到EWPMT系统中。这些增强能力将使战场指挥官能够在战场上探测到敌方的传感器网络漏洞，而不只是简单干扰它们。如果将来出现在战场上的传感器，不仅能显示各种辐射源，而且有各种数字信号，那么这些后续能力增量也将把它们一并纳入，使指挥官能够明了双方作战能力并加以利用。另外，增量3还会新增一种可遥控打开和管理干扰机或其他电子装备的能力。

3. 系统功能

2016年2月，美国陆军电子战规划与管理工具（EWPMT）系统实现了首次能力部署，并成功进行了作战试验。此次完成的能力部署主要聚焦于为电子战操作员提供自动电子战任务规划、电子战目标瞄准和建模仿真能力，以支持电子战战斗序列的可视化和表征，并生成电子战报文与电子战需求。

就 EWPMT 系统当前的能力而言，指挥官可利用它规划其部队或车队通过某个特定区域的路线。如果某个指挥官想走某条特定的路线，则该工具可让他看清自己是否在影响或干扰作战对手。覆盖在图形用户界面上的绿色热成像地图，表示己方部队正在干扰特定的威胁目标，而红色的虚线则表示部队正在降低敌方的作战能力，但没有完全干扰掉。所有这些都要以掌握战场上有哪些辐射源为基础，而这又取决于载入该系统的情报和数据。如果指挥官对某条规划路线上有哪些已知或未知的辐射源没有足够的把握，他就可以利用该工具标绘出压制式干扰的效果，查看己方干扰机沿上述路线实施压制式干扰时的有效作用距离。

从规划的角度来看，由于电子战军官可为指挥官进行此类设置，所以他们能够根据可能碰到的干扰来规划部队的行军路线。另外，当他们为某项可能实施的军事行动进行建模与仿真时，EWPMT 系统的界面在计算干扰路线时会将物理因素考虑进来，比如电磁传播。此外，EWPMT 系统还为指挥官提供了一系列选项：如果他们想干扰某个特定的威胁，EWPMT 系统就会给出不受该威胁影响的多种选项。具体来说，EWPMT 系统会给指挥官提供若干行动方案选项，告诉指挥官对于某个给定的行动，能有哪些装备可以利用，并提供时间与任务比及该装备效能的评分。如果出现冲突或者误伤，那么对于每个单个评分项就都可按照给定指挥官的重要程度来进行排序。

EWPMT 系统允许电子战军官确定 G2/G3/G6 参谋人员的各种行动方案，并为旅级战斗队指挥官提供态势感知。EWPMT 系统的协作和共享功能将电子战军官、电磁频谱管理员和网络规划员带入虚拟指挥计算环境，以消除和管理非常拥挤的频谱。在检视电磁频谱战场时，EWPMT 系统使电子战军官能够完全控制决策过程。EWPMT 系统是美国陆军更广泛的综合电子战系统中管理系列技术的第一步，该系统将消除和利用敌方信号，并为作战部队配备必要的电子战任务规划能力。其优势包括增强型态势感知、可操作的智能、传感器到射手（动能和非动能）选项的同步操作。

  未来 EWPMT 系统能力发展将包括联合特遣部队频谱管理生命周期，以协助执行电磁频谱管理、间歇断开有限网络环境中的跨梯队通信、与新系统的连接以及嵌入式训练和实时电磁频谱监测。

第七章

美军联合电磁频谱作战主要战法

美军联合电磁频谱作战是在传统电子战和电磁频谱管理的基础上提出的，其目的是应对主要对手在电磁频谱领域不断增强的非对称作战能力。美军认为，主要对手在电磁频谱领域的非对称作战能力主要体现在能够利用本土优势构建大功率的电子战系统，而美军只能远离本土实施作战行动，且只能使用功率较小、更为便携的电子战系统。因此，传统的电子战战法、电磁频谱管控策略已难以适应联合电磁频谱作战的需要。

基于上述考虑，美军近年来立足新一代电磁频谱作战系统，提出了许多新的作战思路和作战运用方法。本章重点从侦察、攻击、防御和管理等四个方面予以系统分析。

一、基于无源与有源手段相结合的隐蔽侦察

美军认为，作战对手能利用本土的战略纵深优势，构建美军远征部队无法比拟的通信和传感器网络，使用尺寸更大、频率更低、可远距离工作的传感器，在地域上分散部署传感器阵列，并通过电缆实施相互通信，实现多站

第七章
美军联合电磁频谱作战主要战法

雷达一体运行，因此很难被干扰。此外，作战对手还可根据当地电磁频谱和气象环境，充分利用无源技术实施探测，并将远程有源和无源电磁传感器与抗干扰通信结合运用，使自身具备作战优势，能比美国远征部队更早地实现对敌人的探测、跟踪和交战。为在保护己方的同时更及时地探测感知作战对手，美军正致力于充分利用有源、无源探测平台和新型探测手段，以更加高效和隐蔽的方式，感知作战对象，确定敌方目标类型与位置，为后续打击提供指引。

（一）利用无源传感器或多基地技术探测

为降低在联合电磁频谱作战中被反探测的风险，美军将优先利用分布式无源探测手段或多基地技术，实现对敌目标的探测和感知。如图 7-1 所示，其主要实现方式是利用无源传感器探测电磁目标和利用红外辐射辅助无源传感器探测非电磁目标。具体方法如下：

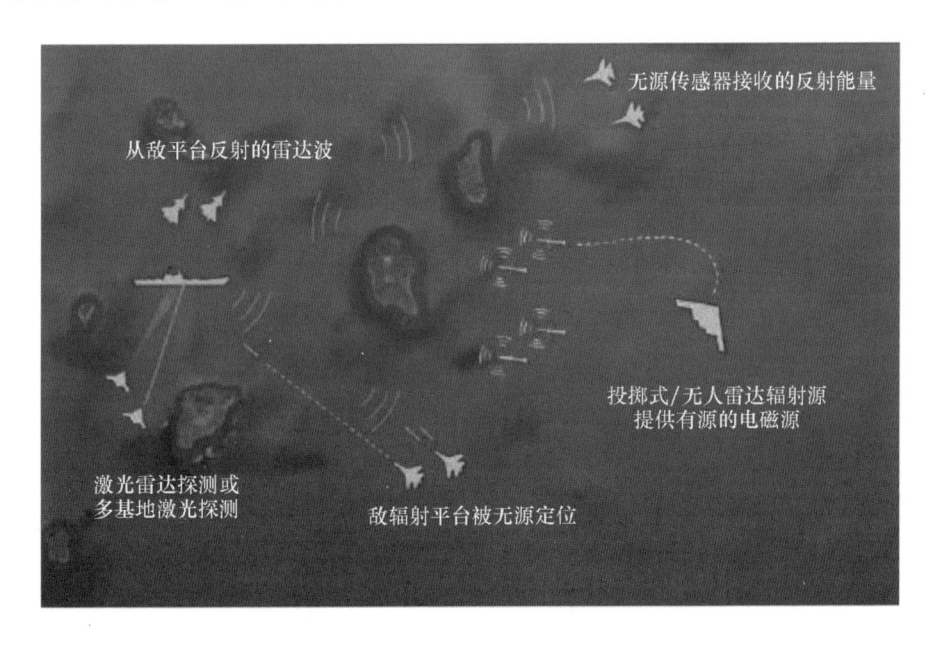

图 7-1 美军无源和多基地探测概念

一是利用分散部署的多个有人或无人平台上的无源传感器来探测敌方目标的射频和红外辐射信号。通过对多个分散部署的探测平台接收到的发射信号进行三角测量，或对无源传感器接收的电磁辐射信号的多普勒频移进行分析，确定作战对手辐射源的位置、速度、类型等信息。鉴于火控雷达等目标只有在接收到传感器引导后才发射信号，美军在作战中通常利用诱饵辐射信号来触发火控雷达开机，然后引导无源传感器对其进行定位。

二是使用多基地技术对不发射电磁能量的敌方作战平台和系统进行定位。在作战中，美军首先利用某个发射平台（考虑到发射信号的平台可能会受到反探测，一般会选择低成本载荷的发射平台）向敌方可疑目标发射特定的射频或红外电磁能。辐射能量抵达目标后，会从多个方向反射，并被多点分布的无源传感器接收。通过设备之间的互联成网，美军接收机可知晓辐射源的位置及其照射脉冲的特征。由于这个信号的特征及辐射源位置已知，因此很容易从背景电磁环境中分辨出这个信号，并根据各平台信号接收的强度和时间差等确定目标信息。

需要注意的是，鉴于对手也很可能会通过降低红外辐射和调节有源传感器的功率来降低其平台被探测的风险，无源传感器必须抵近敌方平台才能探测到它们。为了能够在可接受的风险条件下达到这样的抵近程度，美军通常会使用无人机或者导弹等投掷式载荷，携带无源传感器实施渗透。

（二）利用低截获/低探测概率激光装置探测

尽管多平台无源探测精度近年来得以提升，但与有源探测相比仍存在一定差距。为此，美军可能会采用低截获/低探测概率激光装置来进行多基地或单平台探测。其优点是可通过控制功率、方向、波束宽度等来降低被敌方反探测反利用的风险，从而实现在侦测敌方目标的同时有效保护己方有源传感器。与雷达类似，激光探测装置发射激光信号扫描目标区域，遇到目标后形成"回波"，被激光传感器接收并分析，进而确定目标的位置、类型等信息。但由于激光探测装置发射的波束没有旁瓣特性，因而其聚焦性更好，能够通过精确调整功率，以最小的激光实现最大探测效能，精度甚至比雷达更高。

第七章
美军联合电磁频谱作战主要战法

在工作方式上,激光探测既能独立运行,即激光发射器与接收器在同一平台,也可以分开运行,即激光发射器装在与无源光电接收机分离的平台上进行照射。

(三) 利用反射的电磁能探测

美军在联合电磁频谱作战中可利用反射的电磁能对潜在威胁目标进行侦测定位,这种方法被称作无源雷达或者无源相干定位。在实际运行中,无源雷达本身不发射电磁信号,而是被动地接收目标发射的电磁信号,通过采集来自敌方通信系统、电视信号和无线电传输平台,甚至太阳等辐射源的反射信号,对目标实施跟踪和定位。如果某区域内存在特征明显的已知辐射源,那么使用单个接收系统就可定位目标。如果缺乏特征明显的辐射源,美军将使用多个互联成网的接收器,对潜在目标不同方位的回波进行分析评估并准确定位。无源雷达要求全面掌握周围射频环境及部署于其中的电磁辐射源的特征。为了能够提供精确的位置信息,美军会对射频环境进行冲突前情报准备,并建立高保真度模型,对传感器的气象和电磁环境进行实时评估。利用反射电磁波定位的方法,美军可在不暴露自身的情况下侦测、定位和跟踪对手潜在目标。图7-2描述了如何利用反射的电磁能来探测潜在目标。

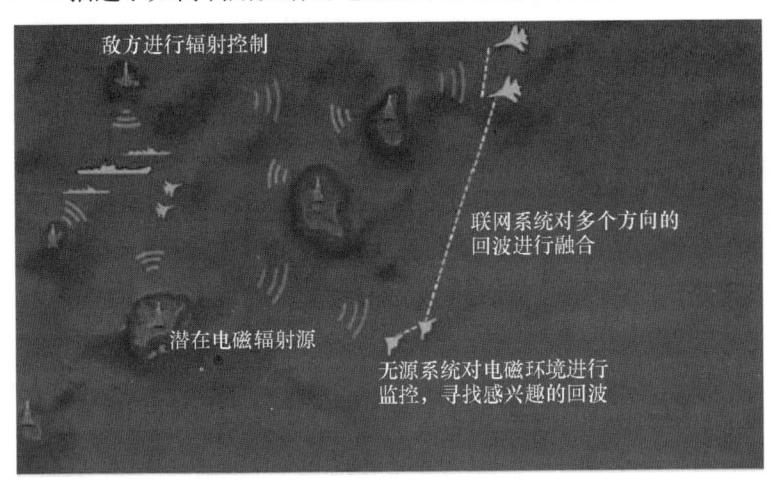

图7-2 无源雷达或无源相干定位

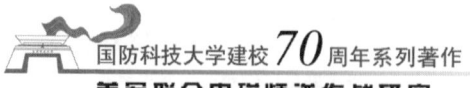

二、基于小型化无人平台的主动攻击

主要作战对手的远程巡航导弹和弹道导弹将迫使美军只能在远离作战地域实施力量投送。这要求美军在使用电子攻击力量时须使用大功率、干扰距离远的有源干扰设备,才能实现对敌防空压制的效果,但这也必然导致美军电子攻击力量极易被对手发现。基于上述问题,美军正通过开发小型无人电子战平台实施抵近式干扰、利用小功率诱饵实施欺骗等措施,达到干扰压制敌方目标的目的。

(一)多功能无人平台抵近攻击

美军认为,在未来战争中,作战对手会采取有源、无源传感器配合使用的方式加强对反介入/区域拒止范围内美军作战力量的侦察与监视,力求全面掌握战场态势。为了应对这一不利局面,美军提出了多功能无人电子战平台抵近干扰战法,企图从空中或水下利用挂载的小功率干扰机在距干扰目标较近的距离施放干扰,实现既保证美军电子攻击力量的安全,又达到较好的干扰效果。具体战法如下:

一是主动压制干扰。为了降低作战对手传感器的灵敏度和探测性能,美军将更多地使用无人机或者低成本载荷,在射频频谱内发射低功率干扰噪声(可能会使用数字射频存储器),或者使用低功率激光对作战对手的光电/红外传感器实施主动压制干扰,力求达到致盲其传感器的目的。同时,该无人机上的电磁频谱作战系统能够建立低截获概率/低探测概率的通信网络,并覆盖广阔多样的地理空间和频谱空间,对作战对手的传感器具有自适应性,即能够针对其工作频率的变化进行自适应调整,保证长时间的压制干扰。

二是引诱欺骗干扰。美军无人电子战平台既具备主动压制干扰的能力,同时也能够挂载大量的无源诱饵实施引诱欺骗干扰。美军利用大量小型无人飞行器携带模拟美军武器平台电磁信号的诱饵,逐步靠近对手有源传感器,并在距美军部队实际部署区域较远的地域投放诱饵,将对手有源传感器从美

第七章
美军联合电磁频谱作战主要战法

军部队真正部署的区域引开。这种引诱欺骗干扰方式，使对手获取错误的战场情报，生成错误的战场态势。同理，针对对手的无源传感器，美军会施放有源诱饵，以达到欺骗效果。

三是通信阻断干扰。美军还认识到，如果所采取的引诱欺骗干扰和主动压制干扰行动不能密切配合，对手就可以通过对多个传感器提供的实时信息进行综合比对，进而准确判定美军的位置。为此，阻断敌传感器、发射装置和武器系统之间的通信可能是破坏反介入/区域拒止范围内敌方网络的一个优选方案。但由于对手立足本土作战，地面传感器之间的通信链路多为通信电缆或者光纤电缆，很难受到干扰或者诱骗行动的影响。面对这一形势，美军将不得不对单个威胁传感器依次实施抵近攻击。即使重点针对的是对手的机动平台、机动传感器和武器及指挥中心之间的无线通信链路，攻击它们也需要美国的低功率电磁战系统首先抵近目标链路。这就必然要求美军优先使用无人系统，尤其是无人水下系统来执行通信阻断行动。

（二）大规模小型诱饵机组网攻击

随着作战对手隐身飞机探测能力的不断提高，美军现役 B-2 轰炸机、F-35、F-22 战斗机等隐身作战平台在敌方防空火力范围内也难以确保绝对安全。为此，美军提出了小型诱饵机组网攻击战法，即在未来战争中利用隐身作战平台在敌防空火力范围以外、距目标相对较近的地域投掷大规模的小型诱饵机，对敌远程探测传感器实施组网压制或欺骗干扰。

在实施组网压制时，美军将充分利用小型电磁频谱作战平台优势，通过隐身飞机、潜艇，甚至水下无人装置，抵近目标区域，投放大量消耗性的无人干扰机或诱饵，在防区内干扰破坏敌方防空系统。这些小型平台以协调组网方式，同时对多个目标实施干扰，可以有效制约防空雷达探测性能，降低防空导弹命中概率，从而削弱敌方防空系统的综合对抗能力。

而对于火控雷达及类似的高价值目标，由于其一般只有在临战时才会开机并辐射电磁信号，美军则一般会先诱骗其开机，进而对其进行干扰或摧毁。其实施方式主要是利用隐身平台投掷的大量无人诱饵机主动辐射电磁信号，制造虚假空情，引诱火控雷达开机工作，然后对其进行定位识别，从而为美军反辐射制导武器或其他方式打击提供可能。

美军认识到，上述战法实施的前提是美军的隐身飞机、潜艇甚至水下无人装置具备逼近作战目标的能力。为此，美军正加紧开发新的"突防型防空"和"突防型电子攻击"系统等专门装备，主要目的是提高武器平台在不引发敌方防空压制升级的情况下逼近目标的能力。而且，这些系统无须专门开发新的平台，可以直接采用现役的隐身战斗机、无人机等平台。

（三）电子战系统与武器系统协同攻击

美军认为，随着信息技术的快速发展，主要作战对手已经能够使用各型有源、无源干扰机对美军精确制导武器的目标瞄准传感器进行干扰，严重影响其精确定位敌方关键目标，从而导致后续空中突击机群面临严重的生存威胁。为此，美军非常注重利用电磁频谱作战系统与武器系统协同实施软硬一体攻击战法。

一是利用无人电子战平台为武器系统提供目标情报。美军通过在作战地域部署大量的挂载了电子战系统的无人机群，密切监视战场对手的综合防空系统，发现、识别目标并对其进行威胁判断与排序；同时与武器系统进行协同，为其提供打击目标清单，指引并对作战对手的关键传感器和武器系统发动精确打击。

二是利用电子战系统实施反干扰，避免敌干扰系统对己方武器系统的干扰。通过在武器系统上加装自卫干扰机、诱饵，美军在导弹突防过程中可向对手防空系统实施持续不间断的软杀伤，降低其防空系统传感器的探测性能，同时在对手发射导弹拦截时，还可通过干扰或者制造假目标的形式扰乱其拦截导弹的火控系统，使防空拦截导弹偏离突防导弹。这一措施能够先期致盲敌方防空系统，避免其发现来袭导弹，使敌方难以对精确制导武器的目标瞄准系统实施干扰。

这些措施将使美军重新获得对敌方综合防空系统实施"外科手术"式精确打击的能力，能有效提高武器系统的突防能力和打击精度，降低敌方综合防空系统作战效能。同时，还能有效减小美军力量投入规模，实现作战资源的最优化利用。

三、基于主动防护措施的综合防御

美军认为，主要作战对手可能早已掌握其用频设备的信号特征参数和组织运用方式，并制定了针对性的对抗措施，这对战时美军各类用频设备的正常运行构成严重威胁。为此，美军提出了一系列的电子防御战法，力求保证其用频设备的正常运行，确保获得并保持电磁频谱优势。

（一）防电子侦察：辐射控制、欺骗干扰、以扰抗侦

美军认为，在未来战争中作战对手可能会首先使用广域搜索传感器，如陆基高频超视距雷达、星载无源电子情报、信号情报接收机等，对美军进行快速定位和识别。尽管这些传感器探测范围广，但无法提供目标级情报数据，因此通常被用于引导具备高精度目标跟踪能力的机载或星载光电、红外或雷达传感器实施侦察。针对未来战争中美军可能面临的射频、可见光和红外搜索传感器的综合侦察探测威胁，美军一般采取如下措施实施有效防护，以达成隐蔽效果。

一是辐射控制。采取辐射控制减少射频辐射，将其控制在完成任务的最低限度以内。美军的常用方式包括：严格控制电磁辐射的时机，在不必要的条件下尽量减少电磁辐射；严格控制电磁辐射的时间，减少电磁信号在空间的滞留时间，降低被侦测的概率；严格控制电磁辐射的方向，尽量避免正对敌方辐射电磁信号；严格控制辐射功率，尽量以最小发射功率工作，降低被侦测的概率。

二是欺骗干扰。利用敌方截获电磁信号的机会，向其传递虚假电磁信息，使其获取假目标、假情报。针对不同的探测系统，能够利用的虚假诱饵种类也有所区别。美军通常使用射频诱饵欺骗敌方信号情报/电子情报传感器；利用可见光和红外诱饵以及激光欺骗并削弱天基光电/红外传感器。

三是以扰抗侦。通过采取积极主动的战术措施,影响、破坏敌方的侦察探测系统的性能,从而达到隐蔽美军的目的。美军空中作战机群,为防止被敌方超视距地面雷达探测发现,通常都会利用干扰机对其实施干扰,进而达到掩护空中机群、隐蔽作战企图的目的。

通过采取这些措施,虽然并不能达到长期隐蔽的效果,但是延长了对手发现美军目标的时间,同时迫使对手必须使用更精密的雷达、可见光或红外目标瞄准传感器,才能从诱饵中辨别真实目标。否则,对手就只能使用更多的攻击波次和武器装备来攻击每一个潜在的目标,甚至包括难以识别的虚假目标。这将造成战争资源的浪费,使其在与美军的综合对抗中处于劣势。

(二) 防电子攻击:隐蔽特征、灵活诱骗

美军认为,突入反介入/区域拒止区域的美军部队可能会遭到敌方舰载、机载或地面无源电子战支援设备、雷达或红外传感器以及导引头的探测、定位和打击。敌方还可能向每个可能的目标发射制导武器,通过武器遥测设备获取信息。基于这些情况,美军在电磁频谱防护上需要通过自卫和诱骗提高生存概率。具体措施如下:

一是隐蔽特征。为对抗敌方远程无源传感器和近程有源传感器,美军自卫式武器平台系统必须能在宽频带上探测威胁信号,对抗敌方的射频天线、红外焦平面阵列和激光导引头。但这些系统本身的信号也常常成为敌方攻击的目标。为此,美军要求,引导自卫武器平台系统的天线波束须精确对准目标,仅在需要干扰时工作,并将其辐射功率迅速降到所需最小功率电平,以保证武器系统的低截获概率/低探测概率特征。

二是灵活诱骗。美军认为,对手智能传感器和导引头可能会改变频率、波形,并在有源和无源模式之间切换以躲避美军的对抗措施。因此,突入反介入/区域拒止区域的部队应增加使用无源和有源诱饵,与其他电磁频谱战系统进行协同,以实施逼真而持续的欺骗干扰。而目前美国的小型空射诱饵弹(MALD)、机载拖曳式诱饵 ALE-50 和火箭推进式 Mk-53 "纳尔卡"舰射对抗措施等,尚不具备电磁频谱战需要的捷变性与联通性,无法对新型无源传

第七章 美军联合电磁频谱作战主要战法

感器实施可信而持续的欺骗干扰行动。为此,美军正抓紧提升其自卫式干扰机的自适应能力,以进一步拓展其反制控制系统的应对能力。

(三) 防精确打击:精确干扰、诱饵迷惑

随着主要作战对手精确打击能力的不断提升,在未来战争中,美军关键目标和作战平台的战场生存能力将遭受严重挑战。但考虑到作战对手在识别美军潜在目标后,必须依靠目标瞄准传感器(包括甚高频/超高频雷达、甚高频/超高频无源雷达和射频接收机、可见光和红外传感器等)提供高精度的固定目标位置信息、机动目标轨迹和速度信息,才能引导制导武器实施精确打击,美军常采取精确干扰、诱饵迷惑相结合的防精确打击战法,削弱、破坏对手的目标瞄准传感器跟踪性能。

一是精确干扰。美军要求,针对目标瞄准传感器的干扰措施在方向上、能量上都要精准聚焦,并结合不同类型的目标传感器采取不同的对抗措施。例如,使用电子战系统对精确制导武器的目标指示雷达进行干扰和欺骗,使用激光致盲可见光和红外传感器等。同时,这些对抗措施也能有效对抗精确制导武器的雷达、光电或红外制导的导引头,从而使对手精确制导武器丧失末端制导能力。

二是诱饵迷惑。美军通常利用无源诱饵迷惑有源目标瞄准传感器,利用有源诱饵迷惑无源传感器。在地面大型固定目标周边设置多个与目标电磁信号特征类似的大型有源地面假目标,能够有效欺骗对手目标指示雷达,通过进行适当伪装防护也能达到欺骗光学、红外传感器的目的。在应对敌方精确制导武器攻击时,美军空中机动平台通常会发射箔条弹或各型有源诱饵来迷惑来袭导弹的导引头制导雷达。

美军在多类平台上都装有目标瞄准和导引头对抗系统,主战飞机上装有导弹对抗电子战系统以及红外对抗系统,主力舰船上装有电子战系统和"纳尔卡"射频诱饵发射器。未来,各型无人平台也将越来越多地装备目标瞄准和导引头对抗系统,运用装载对抗设备的无人平台为舰船或飞机提供掩护,从而有效降低舰船或飞机辐射电磁信号时被探测的概率。美军还强调,任何

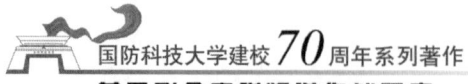

一种单一的防御措施都不可能完全对抗作战对手的传感器。因此，需要综合运用精确对抗与诱饵迷惑、快速机动等措施，实现对敌方目标瞄准传感器的致盲与迷惑。

四、基于资源高效使用的频谱管理

为适应电磁频谱日益拥堵的严峻形势，达成联合电磁频谱作战目标，美军不断改进其联合电磁频谱作战管理模式，通过实施频谱资源分层规划、发展电磁频谱管理手段、完善用频冲突协调机制、无缝对接联合作战流程等方法，提高用频装备在频率、空间、时间、功率和信号结构等全维空间上的使用效率，以有效适应未来战争的快速变化和高度移动性。

（一）实施频谱资源分层规划

在电磁频谱战略牵引下，美军不断强化频谱资源的分层规划，并充分预测未来战场的频谱需求，以减少新系统开发的风险，确保未来作战有足够的频谱资源可供接入。

一是战略规划层面。美军非常注重对未来联合电磁频谱作战环境下频谱资源的需求分析预测，这能为新型作战概念、作战能力提供有效的支撑。美军通过制定频谱管理顶层战略规划，推进频谱管理策略逐步从传统的人工指配过渡到无须人工干预的自动化频率指配，实现了以网络为中心的新型频谱管理模式，大幅提高了电磁频谱的管理效率。

二是装备研制与采办规划层面。美军认为，联合电磁频谱作战能力的生成，需要新型的电磁频谱作战武器装备来支撑。随着自适应雷达对抗系统、射频机器学习系统、认知干扰机等大型武器平台建设项目的启动，美军加强了对所有新型用频装备全生命周期的频谱可支持性分析和频谱认证，强调频谱规划与认证制度应体现在所有用频装备、系统和平台的需求定义、概念提炼、技术开发、系统开发与验证、生产与部署等全过程中。

三是作战规划层面。美军认为，联合作战电磁频谱规划是一个循环过程，

第七章
美军联合电磁频谱作战主要战法

通过这一循环过程可不断构筑联合作战所需的频谱支持能力。美军所发布的JPY 6-01《联合电磁频谱管理行动》、ATPY 6-02.70《电磁频谱管理作战行动技能手册》等相关文件中，着重强调了作战频谱规划的重要性，明确了控制电磁环境是军事行动成功的关键，通过加强频谱需求论证、频谱规划、频谱获取、频谱使用等战场频谱管理建设，确保军事行动中有频可用、用频高效、干扰可查及可协调。

（二）发展电磁频谱管理手段

美军认为，电磁频谱管理技术是实现频谱高效管理及利用的基本前提，规范的频谱数据格式、实时频谱态势感知、动态频谱接入是支持高效频道共享的重要手段。为此，美军不断强调频谱数据标准、态势感知和动态接入的重要性，并持续在这几个方面研究和开发了大量的新技术、新项目，以期更有效地管理和利用电磁频谱。

一是频谱管理数据整合和标准化。例如，2016年5月，为更好地使用、管理和保护电磁频谱，美国陆军把原来的频谱管理数据标准及数据库转换为国防部的标准频谱资源格式（SSRF），以便更高效地使用频谱并实现数据的无缝交换。SSRF规定了美国国防部频谱管理系统当前和未来的数据交换机制，使各项单独隔离的作战功能（如信息保证、电子战、信号和网络空间战等）连接起来，从而形成一个统一的整体，使美国陆军与国防部之间实现交联，既便于检索，也使互操作性和准确性更高。美国陆军已把15 000多个数据条目从原来的格式转换成SSRF，电子战规划与管理工具也可通过SSRF生成、导入/导出和修改结构信息、射频辐射源数据特征、频率分配及功率。

二是实时频谱态势感知及频谱可视化。美国国防高级研究计划局的"先进射频测绘系统（RadioMap）"项目已能将战场上部署的无线电台与射频对抗系统综合在一起，为联合作战力量提供实时的射频频谱态势感知能力（包括频域、时域、空域态势）。RadioMap项目利用现有的战术无线电台、无线电控制简易爆炸装置干扰机和其他射频系统的能力，在不影响各设备主要功能的情况下，以无源的方式提供频谱态势信息，基本实现了联合战场环境电磁频谱态势的实时可视化。

三是动态频谱接入与全域频谱共享。美军逐步将电磁频谱技术研究和开发的重点转向三个方面：电磁频谱使用效率、灵活性和自适应，以提升频谱接入能力；电磁频谱敏捷性，可与商业部门共享频谱并能动态转入可用波段；电磁频谱利用的弹性和持续性，即在拥塞竞争频谱环境下，快速恢复对电磁频谱的利用，从而实现为未来联合电磁频谱作战环境下各类电磁频谱作战装备提供随时随地的频谱接入。美军以此为指导，开发了一系列新型电磁频谱管理技术。例如，"频谱感知战术电台宽带组网波形动态频谱接入"项目引入了一种波形未知的动态频谱接入服务，能够实时监测频谱重用和共享引起的频谱冲突，并提供不同用频装备间的频谱协调；"动态频谱接入协议开发"项目基于频谱态势感知和地理定位规则，实现对无线电工作频率的自动改变，从而避免干扰传统频谱用户。随着以上一系列动态频谱接入与共享技术项目的先后启动，美军已经基本形成了一种基于认知无线电方案的动态频谱接入管理模式。

（三）完善用频冲突协调机制

美军认为，用频冲突的协调是频谱规划方案在实际频谱使用过程中的延续与补充，与上级、下级及友邻部队的协调，解决未曾预料的、突发的频谱干扰问题，是实现有效频谱管理的有力保障。为此，美军非常重视用频冲突协调，研究、制定并颁布了一系列指令性文件，明确了用频冲突协调的机构、方法及流程。例如，参联会主席指令 CJCSI 6232.01D《Link-16 频谱干扰消除方案》，确定了通过控制、管理和监测 Link-16 的脉冲密度，解决 Link-16 频谱冲突的协调政策和程序，并明确了相关机构的职责，界定了 Link-16 系统应遵守的约束条件。而 CJCSI 3320.02F《联合频谱干扰消除方案》则致力于解决联合军事行动中民用系统与军用系统间的干扰问题，以及涉及空间系统的干扰问题等，要求尽可能在指挥链的最低层面上解决干扰冲突问题，对于那些无法在本层面解决的问题，应沿指挥链逐级向上寻求解决方案。各指令针对不同协调内容，均确定了频谱干扰报告的政策和程序及国防部相关

第七章
美军联合电磁频谱作战主要战法

部门的职责分工，并提供了联合频谱干扰的密级划分等其他指导。

（四）无缝对接联合作战流程

美军联合电磁频谱作战管理的目标是保障各类用频装备的正常使用和效能发挥，从而保障作战计划的有效执行，并确保频谱资源在各类作战行动过程中的可用性。美军联合电磁频谱作战筹划与作战计划的无缝衔接，是以一种连续支持的方式进行的筹划过程，确保了频谱筹划与作战行动的一致性，从而达到有效支撑作战行动的目的。

美军要求各级作战部门必须支持联合作战司令部联合频率管理办公室，为其提供作战区域与频率相关的武器装备使用情况，同时强调随着战场电磁态势和作战行动的变化持续更新报告，以此确保装备用频计划与联合作战行动的协调一致。在作战筹划阶段，相关作战要素的频率指配部门采集用频需求，并将相关信息以国防部正式文件的形式提交给联合频率管理办公室。然后，联合频率管理办公室依据收集到的频谱需求，结合当前可用频谱资源进行可行性评估。一般情况下，联合频率管理办公室在该阶段都要通过联合参谋部 J-6 进行相关频谱资源的申请，并力求避免频谱的使用与其他用户发生冲突或者违反相关政策法规。在频率指配方案制定并经过认证后，联合频率管理办公室同样以国防部正式文件的形式，将方案提供给各作战要素的频率指配部门，各作战要素的频率指配部门也会实时反馈频谱使用情况，以利于在动态化的网络内进行频率管理。

第八章

美军联合电磁频谱作战发展趋势

2020年5月，美军正式颁布了联合条令JP 3-85《联合电磁频谱作战》，标志着联合电磁频谱作战已经成为美军联合作战的重要组成部分。任何新型作战样式由概念向实战能力的转化，都要以作战体系的构建为前提。应该看到，虽然目前美军联合电磁频谱作战体系建设已初具规模，但与其他传统作战样式相比仍不完善，离体系化作战运用需求还有一定差距。可以预见，基于既有建设基础及明确的能力需求，美军将继续从理论创新、组织体制、行动样式、关键技术和系统装备等诸多方面，不断加大建设力度，以尽快形成完备的联合电磁频谱作战体系，为美军保持并加强电磁频谱领域优势提供支撑。

一、持续推进理论创新研究

作战理论是作战体系建设的有力牵引。随着研究和认识的不断深化，美军电磁频谱作战理论已进入落实为战法和战术措施的阶段。但作为一种新型的作战样式，联合电磁频谱作战如何与网络空间作战一体实施，如何为美军

第八章 美军联合电磁频谱作战发展趋势

正提倡的多域作战概念提供支撑,也必然成为其理论探索和研究的重点。

(一) 开发网电一体作战概念,加强网电空间融合

网络空间是信息处理和存储的空间,而电磁频谱是传输大部分信息的空间(无线传输)。因此,未来美军要想夺取战场制信息权,就必须开展网络空间作战以掌控战场信息处理和存储空间,开展电磁频谱作战以掌控战场信息传输空间。电磁频谱作战如何与网络空间作战高度协调、密切融合,并形成整体合力,势将成为美军理论研究的重要课题。

2017 年 4 月,美国陆军颁布的野战条令 FM 3-12《网络空间与电子战行动》就明确指出,需要在网络空间和电磁频谱内整合网络空间作战行动、电子战行动和频谱管理行动,以实现三者之间最大程度的优势互补。例如,通过频谱管理行动支持网络空间和电子战行动的实施,确保频谱资源利用的最大化;协调网络空间和电子战行动进而实现统一和互补,确保电磁频谱冲突的最小化。可见,美军已经认识到网络空间作战、电子战和频谱管理行动必须协调配合。美军在综合集成联合电子战和联合电磁频谱管理行动的基础上又提出了联合电磁频谱作战,下一步必将致力于联合电磁频谱作战和网络空间作战的协调配合。同时,随着技术不断进步发展,两者之间的协调配合程度或难以满足实战需求,因此美军还将进一步综合集成网络空间作战和电磁频谱作战,开发网电空间一体化作战概念,以期掌控网络电磁空间。

(二) 注重融入多域作战概念,促进与其他领域协同

美军一旦实现网络空间作战和电磁频谱作战的综合集成,网络电磁空间就会取代网络空间和电磁频谱,成为一个全新的作战域。而当前任何作战行动的展开都不可能局限于某一个作战域,通常都会覆盖陆、海、空、天、网络电磁空间等多个作战域。因此,美军将会重点关注如何实现网络电磁空间一体化作战行动与传统作战行动的高度协同、无缝融合。

2016 年 11 月,美国陆军正式提出了"多域战"作战概念,并进而将其写入陆军新版作战条令。"多域战"的核心思想就是要打破军种、领域之间的

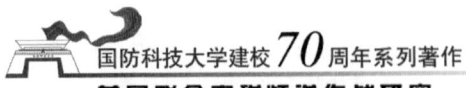

界限，拓展美军在陆、海、空、天、电及网络电磁空间等领域的联合作战能力，以实现同步跨域火力和全域机动，夺取物理域、信息域、认知域以及时域的优势。该作战概念一经提出，便得到各军种的广泛支持和响应，并成为美军联合作战理论的最新研究成果，指导美军在未来战争中开展联合作战行动。因此，美军网络电磁空间一体化作战必须融入"多域战"作战概念，并在此基础上，加强作战概念的信息化、智能化特色。只有充分发挥信息化优势，利用智能技术，才能牢牢把控战场上的网络电磁空间，做到敌情、我情和战场环境的透明化，才能充分发挥网络电磁空间一体化攻防作战效能。

二、逐步完善组织体制建设

美军为实现战时高效联合电磁频谱作战指挥控制，已开始联合各军种及联合部队各层级，开展联合电磁频谱作战组织体制构建的探索，并初步明确了相关指挥机构设置、职能划分和指挥关系。但显然，美军联合电磁频谱作战组织体制相关规定还不够完善，且组建工作才刚刚起步。例如，在战略层级上，还缺少统一的电磁频谱作战指挥机构，各军种也缺乏电磁频谱作战指挥机构，同时新组建的指挥机构在职能上与原有机构还存在一定程度的交叉重叠等。下一步，美军必将围绕这些问题，加速推进联合电磁频谱作战组织体制建设。

（一）筹备组建战略级联合电磁频谱作战组织机构

美国在国防部层面尚未设立统一的联合电磁频谱作战组织机构，其战略司令部下属的联合信息作战中心只是一个支援机构，并不具备作战指挥职能。而且，2018年5月升级为一级联合作战司令部的美军网络空间司令部也不负责电磁频谱作战。可见，电磁频谱相关的作战指挥与筹划暂未被纳入美军战略视野，且当前美军各军种的电磁频谱作战因没有统一规划而各自为战，这显然与未来联合作战的要求不相符。

有鉴于此，美军或将组建战略级联合电磁频谱组织机构，负责统筹各军

第八章 美军联合电磁频谱作战发展趋势

种的电磁频谱作战力量,统一指挥联合电磁频谱作战行动。审视美军将网络域确立为独立作战域后网络空间作战的发展历程,不难发现,美军很可能在战略司令部下设立电磁频谱二级联合作战司令部。但该司令部是否也如网络空间司令部一样,最终升格为一级联合作战司令部,还有待观察。考虑到网络空间和电磁频谱领域天然的关联性和融合性,这两个作战域融为一体成为网络电磁空间作战域的趋势日益明显。事实上,美国陆军已经开始了网络空间作战和电磁频谱作战融合实施的探索,其各级部队已设立了网络电磁行动工作组,负责两种作战样式的统一筹划和实施,且从多次演练的反馈来看,成效明显。美军极有可能在全军推广这一做法,并依托当前网络空间司令部组织架构,赋予其电磁频谱作战组织实施的相关职责,将其整编为网络电磁司令部,负责网络空间作战与电磁频谱作战的统一组织。

(二)整合重组各军种电磁频谱作战组织机构

美军各军种尚未组建专门的电磁频谱作战组织机构,相关事务一般由作战参谋部门或通信系统参谋部门下属多个机构兼职负责,但已着手改建和组建专门负责电磁频谱作战的组织机构的探索。例如,陆军组建了网络电磁行动工作组,该工作组是陆军网络空间作战和电磁频谱作战参谋机构;海军组建了海军电磁频谱作战小组和海上作战中心电磁频谱作战办公室;空军则在原有空军军种组成部队通信处(A-6)和电子战协调办公室(EWCC)的基础上,赋予其电磁频谱作战相关职能。但应该看到,各军种现有组织机构多作为参谋机构设立,缺乏必要的权威性,且还不同程度存在职能交叉、权责不清等问题。

随着电磁频谱作战在未来战争中的地位不断提高,作用不断增大,美军或会在现有各军种电磁频谱作战组织机构的基础上,参照各军种网络空间作战组织机构的组建模式与方法,在军种内部重新组建军种电磁频谱司令部,负责整合军种内部电磁频谱作战力量,统管军种电磁频谱作战力量建设发展,统一规划、实施军种电磁频谱作战行动,以更加有效地为联合作战司令部提供支援。

(三) 充实调整战区联合电磁频谱作战组织机构

美军在战区联合作战司令部层级组建了负责联合作战司令部内联合电磁频谱作战具体事务的电磁频谱控制委员会,在联合作战司令部和下属联合部队司令部层级组建了负责联合电磁频谱作战计划、协调、实施的联合电磁频谱作战办公室。其中,电磁频谱控制委员会是主管机构,主要负责相关命令和计划的批准及监督执行;而联合电磁频谱作战办公室则是负责计划、协调等具体业务的主要参谋机构。应该注意到,新组建的联合电磁频谱作战办公室是在原有电子战指挥机构和电磁频谱管理机构的基础上,从各部门抽调人员组成,规模结构较小,而且其具体职能与原有联合作战司令部参谋部作战部门(J-3)电子战协调小组和 C^4 系统部门(J-6)下辖的联合电磁频谱管理办公室等机构存在重叠,其隶属关系也不清晰。

因此,美军下一步很可能需要进一步充实其力量并对其予以重组,全面接管当前电子战协调小组和联合电磁频谱管理办公室的所有职能。同时,为保证联合电磁频谱作战行动纳入联合作战行动,联合电磁频谱作战办公室可能会明确配属于联合作战司令部参谋部作战部门(J-3)。此外,为保证美军内部通信系统设备的用频协调,联合电磁频谱作战办公室也可能指派相关代表进入 J-6。

三、大力加强行动样式创新

美军认为,在未来电磁环境下,采用"低至零功率"电磁频谱作战模式可获取持久的电磁频谱优势。"低至零功率"电磁频谱作战相关技术虽渐趋成熟,并可集成至美军有人平台、无人平台、一次性有效载荷和地面系统,但从当前美军发布的系列条令来看,电磁频谱作战行动样式仅局限于对信号情报、电子战、频谱管理三类行动的简单组合,尚未实现这三类行动样式的有效融合,未能形成整体合力。根据美军发布的相关研究报告及条令中所构建的电磁频谱作战概念体系,电磁频谱作战将有效集成并充分融合信号情报、

第八章 美军联合电磁频谱作战发展趋势

电子战和频谱管理三类行动样式,向低功率电磁频谱作战、零功率电磁频谱作战、机动式电磁频谱作战等新型行动样式发展,以有效应对敌方利用有源/无源传感器、低截获概率/低探测概率传感器和通信设备进行对抗而产生的威胁。

(一)向低功率电磁频谱作战发展

随着电磁频谱作战概念及支撑作战能力的提出,为保证在反介入/区域拒止范围内各类作战行动能够顺利实施,减小部队遭到反侦测的概率,有效打击敌方主动式和被动式传感器,低截获概率/低探测概率传感器和通信设施显得尤为重要。美军将在电磁频谱作战域内充分利用低功率、低截获概率/低探测概率有源传感器、发射设备或通信设备等手段,对敌目标开展侦察、干扰、摧毁、削弱、破坏其正常使用等一系列电磁对抗措施和行动。

美军低功率电磁频谱作战行动样式发展已初见端倪,该行动样式主要以一体化的低功率电磁频谱侦测、进攻和防御等作战行动来实现。低功率电磁频谱侦测将采用被动式传感器、多基地探测、低截获概率/低探测概率有源传感器或激光器配合无源传感器来跟踪、测量、识别、定位敌陆海空目标,获取战场电磁频谱态势信息及敌陆海空目标信息,并实时将相关态势、目标信息通过高度互联的传输网络同步至各类作战平台。随着低功率、低截获概率/低探测概率技术的发展,美军已可通过控制功率、方向、波束宽度或分析复杂度等来削弱敌方反探测反利用的能力,从而推动低功率电磁频谱侦测能力的开发及应用。

低功率电磁频谱进攻行动将依据接收的电磁情报信息和目标信息,利用无人机或低成本载荷平台,采用分布式干扰技术实施抵近式低功率干扰,或利用电磁信号自身及传输特征对敌方的光电/红外传感器实施精确式低功率干扰。无人机和低成本载荷平台上的电磁频谱作战系统通过低截获概率/低探测概率通信链路建立网络,能够覆盖广阔多样的地理区域和电磁频谱作战区域,并且对敌方的传感器具有自适应性。

低功率电磁频谱防御则将利用低功率、低截获概率/低探测概率传输技术传递信息或采用隐身技术减少目标平台反射电磁波,从而减小己方目标平台或电磁信号被敌感知或利用的概率以及己方系统电磁互扰概率，以有效应对敌方传感器和搜索器为躲避美军反制采取的变换频率等措施，进而提高电磁频谱可用性和安全性。

（二）向零功率电磁频谱作战发展

随着作战对手反介入/区域拒止威胁范围的不断扩大，美军远征部队的规模和力量将受到严重限制。这就要求美军不仅要能避免被侦测，还要能在敌方反介入/区域拒止范围实施作战行动。

从近年来美国智库发布的几份研究报告以及研发的一系列无源传感器、设备器材等新型电磁频谱作战平台来看，美军将在电磁频谱作战域内充分依托零功率技术，利用无源传感器、设备器材等手段，针对敌目标开展侦测、干扰、削弱或破坏其正常使用等一系列电磁对抗措施和行动。未来，美军必将快速发展并完善零功率电磁频谱作战的行动样式，这种行动样式主要通过集成一体的零功率电磁频谱侦测、进攻和防御等作战行动来实现。

零功率电磁频谱侦测行动，主要通过利用单基或多基无源传感器感知电磁目标和利用红外辐射辅助无源传感器感知非电磁目标等方式来实现。

零功率电磁频谱进攻行动，可依据自身频谱侦测设备所获取的电磁目标信息，利用无源对抗措施或设备来破坏电磁波传递方向，扰乱、破坏和干扰敌方电磁行动。这种无源平台中所使用的设备简单、研制周期短、灵活方便，且干扰方式多样，能够同时干扰不同方向、不同频率、不同类型的多个电磁目标。今后，还将向应对频率捷变、单脉冲、压缩脉冲、连续波和脉冲多普勒雷达、密集雷达环境、电子雷达和光学雷达综合应用等雷达抗干扰能力发展。

零功率电磁频谱防御行动主要是利用无源设备或运用战术规避敌方侦测行动，利用目标隐身技术隐藏非电磁目标系统等，确保己方现有平台系统能在正常使用电磁频谱的同时，降低己方目标信息泄露风险。

（三）向机动式电磁频谱作战发展

美军认为，要在未来频谱作战域获得战场竞争优势，必须要无缝整合通

第八章 美军联合电磁频谱作战发展趋势

信、指挥控制、信号情报、电子战、频谱管理和网络空间等作战能力，实现在电磁频谱域的"行动自由"。为达成这种"行动自由"能力，美军开发了一系列认知无线电、实时态势感知、动态频谱接入等技术手段，以实现基于信息优势的一体化火力支撑能力，包括破坏敌方指挥控制、通信与监视侦察等系统的能力，限制敌方机动和行动自由的电子战能力，增强己方武器瞄准的能力，以及作战工具和作战方式的智能选择能力等，从而有效反制敌方反介入/区域拒止作战。

同时，美军还将进一步加强电磁频谱空间机动式作战行动样式的研究，通过在电磁频谱领域内充分利用电磁频谱作战系统在功能、模式、参数等方面的机动性及其认知能力，灵活运用战术开展侦测、干扰、摧毁、削弱、破坏等作战行动。这种行动样式主要以高度融合的机动式电磁频谱侦测、进攻和防御等作战行动来实现。

机动式电磁频谱侦测将利用认知电子传感器、多功能传感器等多种传感器来感知敌目标态势信息，通过认知电子传感器的环境认知、多功能传感器不同功能模式的频繁切换以及不同传感手段的协同更替等方式来实现对敌目标信息的收集，同时利用先进信号处理技术来跟踪、定位和识别敌方目标系统并提取敌方目标系统技术参数，从而降低被敌方感知的风险，提高目标态势感知准确度。

机动式电磁频谱进攻将针对新兴的、未知的具有认知能力的电磁目标系统，利用在功能、模式、参数等方面具有机动能力的电磁频谱攻击系统来破坏或扰乱敌方正常使用电磁频谱的秩序，通过有效利用资源调度技术实现"固定式"干扰机的机动应用，同时利用综合智能干扰技术实现快速灵巧有效的电磁攻击，以获取电磁频谱使用优势。

机动式电磁频谱防御，一方面是利用具有认知能力及灵活用频能力的用频武器装备在时域、空域、频域、码域和能域内的灵活性和适应性，保护己方正常安全用频；另一方面是通过灵活用频技术实施盲目式主动防御，利用认知与综合集成技术实施针对性主动防御等。

四、不断探索技术开发应用

为将联合电磁频谱作战从抽象的概念转化为具体的实战能力，美军将着眼提升频谱利用效率，迅速适应不断变化的电磁环境，以基于人工智能的认知技术、云网络技术、捷变技术、射频存储技术和无源探测技术等为重点，致力于电磁频谱作战技术创新和开发应用。

（一）持续探索认知技术，提升智能感知识别能力

美军认为，随着对手自适应、频率捷变雷达和无线电技术的发展，频谱系统应能够在更宽的射频范围内工作，并能够在认知和机器学习算法的帮助下探测和干扰对手。同时，认知技术在通信和雷达系统中的飞速发展也给美军电磁频谱作战武器系统建设带来了巨大的挑战。为此，美军将利用人工智能来适应战场上快速变化的电磁环境，通过全面采用认知技术来提升系统智能化水平。

早在2015年12月2日，美国战略与预算评估中心（CSBA）发布的《决胜电磁波：重塑美国在电磁频谱领域的优势地位》报告就提出，未来电磁频谱作战系统应具有"认知"等能力。基于认知的电磁频谱作战技术将提高复杂电磁环境下对未知目标威胁信号以及网络化目标的自主感知、智能干扰决策和干扰效果在线评估能力，提升电子对抗观察－判断－决策－行动环路的自适应能力和智能化水平，并缩短反应时间。

美国国防高级研究计划局（DARPA）正在同时推进多个此类技术的研发，主要包括"自适应雷达对抗"和"自适应电子战行为学习"等项目，旨在使小型干扰平台能够自动评估电磁频谱环境，快速制订并测试不同脉冲下的对抗措施，并能采取有效方案对抗敌方灵敏雷达和干扰机。其中，"自适应雷达对抗"项目重点开发在短时间内对抗敌方新型雷达的能力，可将应对雷达威胁的时间缩短至几分钟甚至几秒钟，使得电子战系统能够近实时、自动地生成有效的对策来对抗新的、未知的雷达信号。而"自适应电子战行为学

第八章
美军联合电磁频谱作战发展趋势

习"项目将机器学习理论应用到通信电子战领域,旨在使美军机载电子战系统能够在空中实时自动制订针对新雷达、未知雷达和自适应雷达的有效对抗措施。

下一步,美军还将继续改进数字相控阵来取代传统的机械扫描模拟系统,主要包括海军的 SLQ-32 水面电子战改进项目 Block 2 和 Block 3、"下一代干扰机" Block 1 和 Block 2、陆军的多功能电子战地面和空中系统等,从而整合 DARPA 通过上述两个电子战认知项目所开发的认知和机器学习算法。美军还正试图在小型干扰平台上嵌入认知控制系统,对感知的电磁态势进行分析与预测,以及时发现、识别及分类潜在目标,确定最佳战位、波形,避免敌方侦察定位,同时配合其他作战平台的探测、干扰和制导等活动,重点打击敌方传感器及通信设施等目标,实现预期的电磁频谱作战效能。

(二)加紧融合无线电云网络技术,确保频谱可靠接入能力

美军认为,电磁频谱作为有限资源,对于美军在陆、海、空、天、网五个作战域中获得优势能力至关重要。控制电磁频谱将是美军在全球范围内继续占据主导地位的关键,而且美军对电磁频谱的使用需求一直在快速增长。美军一直奉行的电磁方针是:在需要的时间和地点接入频谱,以顺利完成行动任务。然而,在未来电磁环境中,一方面对手主动参与频谱竞争,另一方面商业和民用的频谱接入呈指数增长,导致频谱日益拥塞。因此,美军实现可靠频谱接入的难度越来越大。

为此,美国联邦政府和国防部亟须对传统的电磁频谱管理方法进行革新。软件定义无线电、机器学习和云计算这三种技术的融合可以为未来电磁作战环境中频谱接入问题提供可行的解决方案,即认知无线电云网络。认知无线电和云计算的结合可实现二者的优势互补。一方面,云计算可以显著降低认知无线电节点的运算负荷和功率消耗,还可以为认知无线电提供更为丰富的事件库进行频谱分析和识别;另一方面,认知无线电可以在竞争和拥塞的电磁频谱作战环境中自动跳转到频谱空隙,以确保用户对云的可靠接入。

(三) 重点发展捷变技术，强化电磁频谱机动能力

美军认为，未来的电磁频谱作战系统应该能够适时按需改变频率、波束方向、模式、功率级别和时间设置，能在空域、时域和更大的频域范围进行机动，使敌方无法发现或延长己方被发现、干扰、诱骗的时间，从而降低被探测的概率，并保障有效对抗敌方的电磁频谱行动。但事实上，美军电磁频谱机动能力较为有限。一方面，美军现有的电磁频谱传感器和通信系统大多已接近服役年限，尽管进行了升级，但其工作波段仍相对固定。而且，因其性能参数基本固定，要调整至新的工作波段或使用新波形需要付出巨大的成本。另一方面，美军电磁频谱作战系统还受到相关管理条款的制约，美国联邦通信委员会要求军用频谱使用特定的波段范围，并要求将其中部分转让给商业应用，而美军电磁频谱作战系统尚缺乏与商业系统实现波段共用的敏捷性。此外，其他国家正针对美国电磁频谱系统的静态特征，开始部署干扰机和诱饵等对抗措施，还针对其对抗手段研发了相应的有源传感器和通信系统。

为此，美军正计划在整合现有电磁频谱作战系统相关功能的基础上，进一步提高美军频谱共享的能力，增加敌方发现、干扰、诱骗或攻击的难度，并有效对抗低红外波段传感器能力，提高无源红外传感器的精度和探测距离，从而确保美军在对抗中的优势地位。同时，美国国防部还正着手在F-22战机的APG-77型雷达和F-35战机的APG-81型雷达上，部署基于有源电扫阵列技术的射频系统。该有源电扫阵列系统由可扩展的阵列组成，其中包含成百上千个可自动控制的小型收发模块，可为有源和无源传感器提供较高增益，有效提升系统的捷变性和灵敏度。

下一步，美军还拟在E/A-18G"咆哮者"电子攻击机和SLQ-32舰载电子战系统等更多平台上部署这一系统。此外，美国还计划对S波段的极化跟踪雷达采取多种虚拟极化处理，以实现极化抗干扰和极化特征测量功能；对美国X波段脉冲内极化捷变雷达进行极化脉冲压缩，以提高雷达的抗干扰和目标监测能力。

第八章
美军联合电磁频谱作战发展趋势

（四）优化提升数字射频存储技术，增强系统干扰能力

数字射频存储器（DRFM）是现代雷达干扰机最核心的组成部分，可以对捕获的雷达信号进行频率、速度和相位调制，并能在保持相参延时的同时进行多次转发。DRFM 的技术水平很大程度上决定了雷达干扰装备的技术水平。

水星系统公司正基于 DRFM 技术为美国海军开发符合航空标准的模块化数字接收机激励器套件。系统能够表征和识别辐射源，辐射源滤波器能够分离多个辐射源的信号，基于电子攻击技术库可生成与辐射源信号特征相匹配的电子攻击技术，还可以自适应响应辐射源信号的变化。系统最多可以同时跟踪 12 个威胁辐射源，并通过威胁信号分选和路由功能将威胁分配给指定的变频模块和微 DRFM 模块。变频模块将辐射源的射频频率转换到微 DRFM 的中频频率，微 DRFM 可在 1 GHz 的瞬时带宽内实现 8 bit 幅度编码，还可通过距离、多普勒、幅度、相位调制生成假目标，也可以直接生成噪声或任意波形。此外，该公司还在开发"水星机载 1225"型先进 DRFM 电子战干扰机。设备采用了 3 bit 量化的小型数字 DRFM，带宽高达 1 200 MHz，适用于机载、吊舱和无人机平台。

（五）大力发展无源探测技术，提高系统隐身能力

美军新提出的电磁频谱作战概念要求频谱系统摆脱对高功率有源雷达的依赖，转而依靠能躲避敌方干扰的无源传感器以及低截获概率/低探测概率传感器，如无源雷达和无源相干定位系统等。无源探测系统因其本身不辐射信号，大幅降低了被发现和截获的概率，大大提高了自身的生存能力和侦察效果。

美国空军已启动一系列无源探测新项目，全力发展无源探测技术，以提升其在反介入/区域拒止环境中的"低至零功率"新型电磁频谱作战能力。其中主要包括旨在为宽带相控阵天线开发的模拟和数字波束形成技术、用于无源射频传感的新型宽带相控阵天线项目，重点开发自动目标识别算法的无源射频识别环境项目和提升无源监视技术的无线电识别项目等。

美国海军也一直在试验使用 EA-18G"咆哮者"上的 AN/ALQ-218 雷达接收机对辐射源实施无源瞄准,还将在 MQ-4C"海神"无人机上装备新的无源射频传感器。通用电子公司也要在 MQ-9"死神"无人机上集成新型射频传感器以实施无源瞄准。另外,随着视觉光电和红外传感技术对有人机的重要性日益凸显,美军还在升级 F-35 战机的光电和红外传感器分布式孔径系统和新型红外搜索跟踪吊舱,以提高其发现和打击敌方目标的能力。

可以预见,随着美军无源探测新项目系列的持续推进,未来其无源探测技术不仅可实现空中目标探测,还能进行海上和地面目标探测,并利用多种辐射源信号,或将辐射源信号和电子战支援数据融合,实现高精度、多功能探测。

五、加速推进装备转型研发

针对未来电磁频谱作战环境和潜在对手频谱装备性能及其运用特点,美军将不断加大投入,以"小型化、网络化、多能化"为重点,加速推进电磁频谱装备的研发和部署。

(一) 重视装备小型化,降低被敌探测概率

随着远程地空导弹、巡航导弹和弹道导弹的快速发展,区域拒止范围越来越大。对进攻方来说,远距离投放更高功率的有源传感器和对抗措施必将增大被发现的概率。为此,美军正谋求借助小型化电磁频谱作战武器装备,如小型低成本无人机和驱动载荷以及自主无人水面舰艇和水下装置等,抵近执行多基地无源感知、低功率干扰和诱骗作战任务,并力求实现与远距离大功率武器平台相同的作战效能。

美军虽已将小型电磁阵列配备于拖曳式诱饵、微型空射诱饵、F-22 战机、F-35 战机和自卫式干扰器,但这些阵列成本相对较高,且尚未实现商品化,无法进行大规模电磁频谱作战所需的批量生产。因此,美军正计划抓紧建设比现有作战系统体积更小、成本更低的电磁频谱作战系统,主要包括小

型导弹、巡飞弹和电子战无人机,如陆军的"弹簧刀"(Switchblade)自杀式精确制导导弹、海军的"郊狼"(Coyote)小型无人机等。

此外,美国海军还计划利用分布式射频功率打造超强功率电磁武器,旨在使用大量的小型无人机(船)来布设超大射频功率的天线阵,其发射的功率相当于黑洞喷流或伽马射线爆发的功率,或可烧毁敌方的电子设备。

(二)实现装备网络化,提升综合共享能力

美军认为,网络化是实现分布式武器装备能力集成和综合运用的重要途径。通过组网链接,各武器装备可实现传感器数据及作战方案共享,并可使用低截获/低探测概率数据链与相邻的电磁频谱作战系统进行通信及行动协调,从而整体提升电子侦察、电子干扰、电子战效能评估等能力。

为达成这一目标,美军正围绕分布式作战系统的管理与协调寻求突破,DARPA于2015年9月开始实施的"小精灵"(Gremlins)项目就是其重要举措之一。该项目旨在通过C-130运输机、B-52/B-1轰炸机等平台携带无人机蜂群至防区外发射,实施离岸侦察与电子攻击任务。这些无人机具有数量大、尺寸小、造价低、可重复使用等特点,可配备多种不同载荷,通过网络链接实现机群内部与其他有人平台协同,实现压制敌方指控系统、切断敌方通信甚至向敌方数据网络注入恶意代码等功能,并可在完成任务后进行回收。2017年,该项目已与"进攻性蜂群使能战术"逐步找到了交集,将共同推动无人机组网与电子战这两个领域走向融合,进而综合提升网络化无人机电子战能力。该项目历时4年左右,并分3个阶段实施。目前已完成第三阶段,即详细设计、制造和飞行验证阶段。

此外,美国海军也在其分布式电子战理念的驱动下,不断推进空基、海基网络化电子战能力提升。美国国防部和相关各界也正着力加强对分散部署的电磁频谱作战系统实施指挥控制,主要包括海军研究办公室的"对抗集成传感器的多种信号网络仿真(NEMESIS)"项目和"联合反遥控简易爆炸装置电子战系统"项目等。

(三) 致力装备多能化，满足不同作战需求

不同的电磁频谱作战武器对频率、动态范围、功率电平以及带宽的要求不尽相同，如无线电台对带宽要求高但不需要太大的频率覆盖范围，而雷达的工作条件正好相反。美军无线电台、雷达和干扰机大多功能单一，完成通信、无源感知和噪声干扰等任务需要投入多台设备，但按照传统的模式建设不仅成本昂贵，还难以满足未来电磁频谱作战需求。

为此，美军计划研发集通信、感知、干扰、诱骗或照射目标等功能于一体的电磁频谱作战系统。一是研制新型有源电扫阵列系统。该系统因采用宽带发射机和接收机，能在射频频谱中同时实现多种功能。无论是无线电还是雷达，装备该有源电扫阵列的武器系统都可在频率覆盖、动态范围以及带宽等特性中进行平衡。二是开发多功能焦平面阵列。新型半导体技术的发展为美军研发多功能焦平面阵列提供了必要条件。该阵列可用于无源传感和通信接收，探测范围更大，可在红外、可见光或紫外电磁频谱波段工作。如与低功率激光器或发光二极管（LED）组合运用，还能完成低截获概率/低探测概率通信，并充当多基地红外/紫外传感器。三是开发部署通用多功能控制器。美军的电磁系统功能单一，通常用于控制某个单一任务系统，其主要原因就在于缺乏多功能控制器。为此，美国政府和军队正着手研发这类控制器，如DARPA的相干传输回溯天线阵（ReACT）研究项目就是针对目前的处理器和信号发生器通常只能控制单一任务系统的问题，研发能够同时作用于多个系统的多功能控制器。此外，美国哈里斯公司也正在研发自适应电子战装备"破坏者"。该装备可适应复杂多变的电磁环境，具备自适应、可编程以及电子战等功能，可及时响应不断变化的任务需求，并在电子攻击、电子防护、电子战支援、电子情报和通信干扰等功能之间切换。

附录

缩略语中英文对照

A2/AD	Anti Access/Area Denial	反介入/区域拒止
AESA	Active Electronically Scanned Array	有源电扫描阵列
AESOP	Afloat Electromagnetic Spectrum Operation Planning	海上电磁频谱作战规划（系统）
AOR	Area of Responsibility	责任区
AJP	Allied Joint Publication	盟军联合出版物
ATP	Allied Tactical Publication	盟军战术出版物
BEI	Background Environment Information	背景环境信息
C^2	Command and Control	指挥与控制
C^4	Command, Control, Communication, Computer	指挥、控制、通信、计算机
C^4ISR	Command, Control, Communication, Computer, Intelligence, Surveillance, Reconnaissance	指挥、控制、通信、计算机、情报、监视、侦察
CBRN	Chemical, Biological, Radiological and Nuclear	化学、生物、辐射和核
CCMD	Combatant Command	作战司令部

CES	Communication Efficiency Simulator	通信效能仿真器
CHAMP	Counter-electronics HPM Advanced Missile Project	高功率微波先进导弹项目
CJCS	Chairman of the Joint Chiefs of Staff	参谋长联席会议主席
CJSMPT	Coalition Joint Spectrum Management Panning Tool	盟军联合频谱管理规划工具
CO	Cyberspace Operations	网络空间作战
COA	Course of Action	行动方案
COMINT	Communications Intelligence	通信情报
CONPLAN	Concept Plan	概念计划
COP	Common Operational Picture	通用态势图
CREW	Counter Radio Controlled Improved Explosive Device Electronic Warfare	反无线电控制简易爆炸装置电子战
CSBA	Center for Strategic and Budgetary Assessment	战略与预算评估中心
CSS	Central Security Service	中央安全局
DARPA	Defense Advanced Research Program Agency	国防高级研究计划局
DF	Direction Finding	无线电测向
DIA	Defense Intelligence Agency	国防情报局
DISA	Defense Information Systems Agency	国防信息系统局
DMTI	Dismount Moving Target Indicator	缓慢移动目标指示器
DODIN	Department of Defense Information Network	国防部信息网络
DRFM	Digital Radio Frequency Memory	数字射频存储器

附 录 缩略语中英文对照

E3	Electromagnetic Environment Efficiency	电磁环境效应
EA	Electronic Attack	电子进攻
ELINT	Electronic Intelligence	电子情报
EMC2	Electromagnetic Maneuver and Control Capability	电磁机动与控制能力
EMC2	Electromagnetic Maneuver Command and Control	电磁机动战指控
EMCON	Emission Control	辐射控制
EME	Electromagnetic Environment	电磁环境
EMOE	Electromagnetic Operational Environment	电磁作战环境
EMP	Electromagnetic Pulse	电磁脉冲
EMSCO	Electromagnetic Spectrum Control Order	电磁频谱控制命令
EMSCP	Electromagnetic Spectrum Control Plan	电磁频谱控制计划
EMSO	Electromagnetic Spectrum Operations	电磁频谱作战
EMSW	Electromagnetic Spectrum Warfare	电磁频谱战
EMW	Electromagnetic Maneuver Warfare	电磁机动战
EOB	Electromagnetic Order of Battle	电磁战斗序列
ES	Electronic Warfare Support	电子战支援
ESAC	Electromagnetic-Space Analysis Center	电磁空间分析中心
EW	Electronic Warfare	电子战
EWCC	Electronic Warfare Coordination Cell	电子战协调办公室
EWPMT	Electronic Warfare Planning and Management Tool	电子战规划与管理工具

· 173 ·

FM	Frequency Management	频率管理
FTUAS	Future Tactical Unmanned Aircraft System	未来战术无人机系统
GEMSIS	Global Electro Magnetic Spectrum Information System	全球电磁频谱信息系统
GIANT	Global Positioning System Interference and Navigation Tool	全球定位系统干扰与导航工具
GIG	Global Information Grid	全球信息网格
GMTI	Ground Moving Target Indicator	地面移动目标指示器
GPSOC	Global Positioning System Operations Center	全球定位系统运行中心
HAT	High Power Microwave Solid-state Transmitter	高功率微波固态发射机
HHQ	Higher Headquarters	上一级指挥部
HNC	Host-Nation Coordination	东道国协调
HNSWDO	Host Nation Spectrum Worldwide Database Online	东道国频谱全球在线数据库
HPM	High-Power Microwave	高功率微波
ICADS	Integrated Cover and Deception System	综合防护和欺骗系统
ICAP	Improved Capability	改进能力型
ICDC	Improved Control and Display	改进的控制和显示
IEWS	Integrated Electronic Warfare System	综合电子战系统
IO	Information Operation	信息作战
IRST	Infrared Search and Track System	红外搜索与跟踪系统

附 录 缩略语中英文对照

ISR	Intelligence, Surveillance, and Reconnaissance	情报、监视与侦察
JCEOI	Joint Communication-Electronics Operating Instructions	联合通信电子操作说明
JEMSO	Joint Electromagnetic Spectrum Operations	联合电磁频谱作战
JEWC	Joint Electronic Warfare Center	联合电子战中心
JFCC-Space	Joint Functional Component Command for Space	太空联合职能司令部
JFHQ-DODIN	Joint Force Headquarters-Department of Defense Information Network	国防部信息网络联合部队司令部
JIPOE	Joint Intelligence Preparation of the Operational Environment	作战环境联合情报准备
JNWC	Joint Navigation Warfare Center	联合导航战中心
JOA	Joint Operations Area	联合作战地域
JSDR	Joint Spectrum Data Repository	联合频谱数据仓库
JSIR	Joint Spectrum Interference Resolution	联合频谱干扰消除
JTF	Joint Task Force	联合特遣部队
L/AT	Liaison/Augmentation Team	联络官/扩编团队
LED	Light-Emitting Diode	发光二极管
LMSJ	Light Weight Modular Support Jammer	轻型模块化支援干扰机
LPI/LPD	Low Probability of Intercept/Low Probability of Detection	低截获概率/低探测概率
MALD	Miniature Air-Launched Decoy	小型空射诱饵弹
MILDEC	Military Deception	军事欺骗

MISO	Military Information Support Operations	军事信息支持作战
MNF	Multinational Forces	多国部队
MOC	Maritime Operations Center	海上作战中心
MWS	Missile Warning System	分布式导弹预警系统
NAVWAR	Navigation Warfare	导航战
NCC	Navy Component Commander	海军组成部队指挥官
NEMESIS	Netted Emulation of Multi-Element Signatures Against Integrated Sensors	对抗集成传感器的多种信号网络仿真
NFC	Numbered Fleet Commander	编号舰队指挥官
NGA	National Geospatial-Intelligence Agency	国家地理空间情报局
NGJ	Next Generation Jammer	下一代干扰机
NGJFHQ-State	National Guard Joint Force Headquarters-State	国民警卫队州联合部队总部
NMCSO	Navy and Marine Corps Spectrum Office	海军和海军陆战队频谱办公室
NSA	National Security Agency	国家安全局
NTIA	National Telecommunications and Information Administration	国家电信与信息管理局
OE	Operational Environment	作战环境
OPCON	Operational Control	作战控制权
OPFOR	Opposing Force	假想敌部队

附 录　缩略语中英文对照

OPLAN	Operation Plan	作战计划
OPORD	Operation Order	作战命令
PNT	Positioning, Navigation and Timing	定位、导航与授时
RCIED	Radio-Controlled Improvised Explosive Device	无线电控制简易爆炸装置
ReACT	Retrodirective Arrays for Coherent Transmission	相干传输回溯天线阵
RFMLS	Radio Frequency Machine Learning Systems	射频机器学习系统
ROE	Rules of Engagement	交战规则
S2AS	Spectrum Situational Awareness System	频谱态势感知系统
SAR	Synthetic Aperture Radar	合成孔径雷达
SATCOM	Satellite Communications	卫星通信
SecDef	Secretary of Defense	国防部长
SEWIP	Surface Electronic Warfare Improvement Program	水面舰艇电子战改进项目
SIGINT	Signals Intelligence	信号情报
SIR	System Integrated Receiver	系统综合接收机
SMB	Spectrum Management Branch	频率管理分部
SKR	Spectrum Knowledge Repository	频谱知识库
SMO	Spectrum Management Operations	频谱管理行动
SPA	Spectrum Plan Advisor	频谱筹划建议工具
SRA	Spectrum Requirement Advisor	频谱需求建议工具

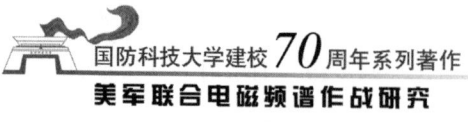

SSRF	Standard Spectrum Resource Format	标准频谱资源格式
STO	Special Technical Operations	特种技术行动
S XXI	Spectrum XXI	频谱XXI（系统）
TNWCC	Theater Navigation Warfare Coordination Cell	战区导航战协调单元
TTP	Tactics, Techniques, and Procedures	战术、技术和程序
UHF	Ultra High Frequency	超高频
USCYBERCOM	United States Cyber Command	美国网络空间司令部
USG	United States Government	美国政府
VHF	Very High Frequency	甚高频
WARM	Wartime Reserve Mode	战时备用模式

参考文献

[1] 王磊,许立登,崔凯,等.美军"联合电磁频谱作战"理论发展动因分析[J].电子对抗,2017(5):9-11.

[2] 王磊,许立登.美军"联合电磁频谱作战"概念辨析[J].电磁频谱管理,2017(3):43-46.

[3] 常壮,冯书兴,孙健,等.美军电磁频谱战发展沿革与现状述评[J].航天电子对抗,2018(1):54-59.

[4] 李助民.电磁频谱的军事应用[J].百科知识,2014(10):63-64.

[5] 孔光.美军电磁频谱机动作战理论及其影响[J].外国军事学术,2015(5):38-41.

[6] 夏文成,肖德政.美军电磁频谱战发展及影响分析[J].电子对抗,2017(5):4-8.

[7] 朱松.电磁频谱战构想[J].国际电子战,2010(11):26-29.

[8] 王沙飞.人工智能与电磁频谱战[J].网信军民融合,2018(1):20-22.

[9] 朱松.赛博空间与电磁频谱战[J].国际电子战,2010(10):50-53.

[10] 朱松.美军从电子战向电磁频谱战发展解析[J].信息对抗学术,2017(3):33-35.

[11] 黎铁冰,毛盾,黄傲林,等.美军电磁频谱控制概念与体系研究[J].电子对抗,2013(5):1-4.

[12] 胡向春.打造电磁频谱战新技术和新能力[J].防务视点,2016(5):9-11.

[13] 骆超,段洪涛,吴曦.电磁频谱战中的无线电监测:《电波制胜:重拾美国在电磁频谱领域霸主地位》报告启示[J].中国无线电,2016(3):58-59.

[14] 蔡亚梅,赵霜,陈利玲.美国电磁频谱战发展分析[J].航天电子对抗,2017,33(4):57-59.

[15] 魏岳江,严卫东.夺取制电磁权:美军未来电子战装备简述[J].航空世界,2014(7):46-49.

[16] 罗金亮,王雷,杨健,等.美"电磁频谱战"作战概念解析[J].中国电子科学研究院学报,2016,11(5):474-477.

[17] 岳桢干.用于美国海军F/A-18喷气式战斗机的红外搜索与跟踪系统[J].红外,2010(9):48.

[18] 刘忠领,于振红,李立仁,等.红外搜索跟踪系统的研究现状与发展趋势[J].现代防御技术,2014,42(2):95-101.

[19] 石永山,张尊伟.红外搜索与跟踪系统发展综述[J].光电技术应用,2016,31(4):11-14.

[20] 王犇,徐琳.美军联合频谱管理体制及其信息系统[J].指挥信息系统与技术,2016(6):6-12.

[21] 张健美,赵杭生,柳永祥,等.美军新型频管工具:全球电磁频谱信息系统浅析[C]//中国通信学会.2013年全国无线电应用与管理学术会议论文集.电子工业出版社,2013:246-254.

[22] 任翔宇,刘丽,马燕.美军电子攻击型无人机的发展[J].航天电子对抗,2014,30(6):53-56.

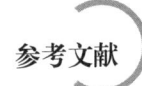

[23] 范振宇,王磊. 美军空中电子攻击技术未来发展动向分析[J]. 飞航导弹,2012(2):12-15.

[24] 车继波,付喜梅. 美国海军多功能射频系统的研制进展及应用[J]. 飞航导弹,2018(6):49-54.

[25] 美国海军用"分布式射频功率"打造超强功率电磁武器[N/OL]. (2018-12-10)[2022-12-20]. http://www.xunart.com/f498285.html.

[26] 冯寒亮,张平. 美国电磁脉冲威胁防御措施述评[J]. 现代军事,2017(6):56-61.

[27] 苏党帅,武晓龙,王茜. 美国CHAMP关键技术及其进展分析[J]. 军事文摘,2017(11):28-31.

[28] 罗晨. 美国海军EA-18G"咆哮者"电子攻击机[J]. 军事文摘,2015(3):2.

[29] "下一代干扰机"NGJ新进展[N/OL]. (2017-05-23)[2022-12-20]. http://www.sohu.com/a/142705255_768739.

[30] "小型空射诱饵":美军最新空射诱饵弹展望[N/OL]. (2018-12-18)[2022-12-30]. http://www.sohu.com/a/282621976_115926.

[31] 葛悦涛,何煦虹. 美国小型空射诱饵弹或将改变未来空战作战样式[J]. 飞航导弹,2016(1):15-18.

[32] 邝雨晨,刘璘,刘红. 美军电磁频谱管控体系研究[J]. 科技和产业,2014,14(6):111-114.

[33] 刘丽,邵东青,胡然. 美军典型电磁频谱战系统简析[J]. 电子对抗,2017(5):43-48.

[34] 张健美,徐志云,蒋慧娟. 美军频谱数据建设策略概述[J]. 军事通信技术,2015(2):73-80.

[35] 王静. 美陆军扩展电子战规划系统,提升频谱管理和进攻性网络战能力[EB/OL]. (2018-07-27)[2022-12-1]. https://www.secrss.com/articles/4184.

[36] 刘丽,汪涛,韩国强. 美国陆军电子战能力发展建设近况综述[J].

飞航导弹，2018（4）：56-61.

[37] 李勇. 美国防部或将宣布电磁频谱为第六大作战领域［J］. 防务视点，2016（4）：43.

[38] 王鹏，武明川，翟军，等. 对美军联合电磁频谱作战思考与启示［J］. 电磁频谱管理，2017（5）：51-53.

[39] 张余，柳永祥，张涛，等. 电磁频谱战作战样式初探［J］. 航天电子对抗，2017（5）：14-17.

[40] 杨超，刘国亮."低-零功率电磁频谱战"能力需求与作战模式［J］. 舰船电子工程，2017（3）：145-147.

[41] 贾鑫，朱卫纲，曲卫，等. 认知电子战概念及关键技术［J］. 装备学院学报，2015（4）：96-100.

[42] 王晖，黄震，王为. 美军电磁频谱战的发展与启示［J］. 电磁频谱管理，2016（3）：9-12.

[43] S·亚申. 美军飞机机载无线电电子防护装备［J/OL］. 外国军事评论（俄），2016（6）：71-75.（2016-10-12）. http：∥www.globalview.cn/html/military/info_13972.html.

[44] 张春磊. 美军联合电磁频谱作战特点分析［EB/OL］.（2022-04-12）［2022-12-1］. https：∥www.cannews.com.cn/2022/0412/341562.shtml

[45] CLARK B，GUNZINGER M. Winning the Airwaves：Regaining America's Dominance in the Electromagnetic Spectrum［R］. Washington D.C.：Center for Strategic and Budgetary Assessments，2015.

[46] CLARK B，GUNZINGER M，SLOMAN J. Winning in the Gray Zone：Using Electromagnetic Warfare to Regain Escalation Dominance［R］. Washington D.C.：Center for Strategic and Budgetary Assessments，2017.

[47] JP 6-01：Joint Electromagnetic Spectrum Management Operations［Z］. Washington D.C.：U.S. Joint Staff，2012.

[48] JDN 3-16：Joint Electromagnetic Spectrum Operations［Z］. Washington D.C.：U.S. Joint Staff，2016.

[49] ATP 6 – 02.70: Techniques for Spectrum Management Operations [Z]. Washington D. C. : U. S. Army Department, 2015.

[50] LCDR J D, CREARY M. Gaining the economic and Security Advantage for the 21 Century: A Strategy Framework for Electromagnetic Spectrum Control [R]. Joint Information Operations Warfare Center, United States Strategic Command, 2010: 16 – 17.

[51] CLARK B, HAYNES P, MCGRATH B. Winning the Invisible War: Gaining an Enduring U. S. Advantage in the Electromagnetic Spectrum [R]. Washington D. C. : Center for Strategic and Budgetary Assessments, 2019.

[52] CJCSM 3320.01C: Joint Electromagnetic Spectrum Management Operations in the Electromagnetic Spectrum Operational Environment [Z]. Washington D. C. : Joint Chiefs of Staff, 2012.

[53] CJCSI 3320.01D: Joint Electromagnetic Spectrum Operations [Z]. Washington D. C. : Joint Chiefs of Staff, 2013.

[54] CJCSM: Electronic Warfare in Support of Joint Electromagnetic Spectrum Operations [Z]. Washington D. C. : Joint Chiefs of Staff, 2013.

[55] TRADOC Pamphlet 525 – 7 – 16: The United States Army Concept Capability Plan for Electromagnetic Spectrum Operations for the Future Modular Force 2015 – 2024 [Z]. Washington D. C. : U. S. Army Training and Doctrine Command, 2007.

[56] FM 6 – 02.70: Army Electromagnetic Spectrum Operations [Z]. Washington D. C. : Headquarters, Department of the Army, 2010.

[57] FM 3 – 38: Cyber Electromagnetic Activities [Z]. Washington D. C. : Headquarters, Department of the Army, 2014.

[58] FM 3 – 12: Cyberspace and Electronic Warfare Operations [Z]. Washington D. C. : Headquarters, Department of the Army, 2017.

[59] AR 525 – 15: Software Reprogramming for Cyber Electromagnetic Activities [Z]. Washington D. C. : Headquarters, Department of the

Army, 2016.

[60] AFI 10 - 703: Electronic Warfare Integrated Reprogramming [Z]. Washington D. C. : Headquarters, Department of the Air Force, 2017.

[61] CJCSM 3320.02D: Joint Spectrum Interference Resolution Procedures [Z]. Washington D. C. : Joint Chiefs of Staff, 2013.

[62] CJCSI 3320.02F: Joint Spectrum Interference Resolution [Z]. Washington D. C. : Joint Chiefs of Staff, 2013.

[63] DODI 3222.02: DoD Electromagnetic Environmental Effects (E3) Program [Z]. Washington D. C. : Department of Defense, 2014 - 08 - 25.

[64] DODI 8320.05: Electromagnetic Spectrum Data Sharing [Z]. Washington D. C. : Department of Defense, 2017 - 12 - 22.

[65] Association of Old Crows. Press Coverage of the 53rd Annual AOC International Symposium & Convention [EB/OL]. (2016 - 04 - 08) [2022 - 12 - 8] http://crows.org/conventions/press - coverage - 2016.html.

[66] Navy's New Jammer Passes Critical Design Review: SEWIP Block Ⅲ [EB/OL]. (2016 - 05 - 09) [2022 - 12 - 21]. https://breakingdefense.com/2016/05/navys - new - jammer - passes - critical - design - review - sewip - block - iii/.

[67] Visualizing the invisible Electronic warfare management tech cuts through the electromagnetic clutter [EB/OL]. (2018 - 02 - 21) [2022 - 12 - 20]. https://www.raytheon.com/news/feature/visualizing _ the _ invisible.

[68] JP 3 - 85: Joint Electromagnetic Spectrum Operations [Z]. Washington D. C. : U. S. Joint Staff, 2020.

[69] CLARK B, WALTOW T A. The Invisible Battlefield: A Technology Strategy for US Electromagnetic Spectrum Superiority [R]. Washington, D. C. : Hudson Institute, March 2021.